システム制御工学

―基礎編―

寺嶋一彦

編著

片山登揚　　兼重明宏
石川昌明　　森田良文
小野　治　　浜口雅史
三好孝典　　山田　実

著

朝倉書店

執　筆　者

寺嶋一彦（てらしまかずひこ）　豊橋技術科学大学工学部生産システム工学系教授

片山登揚（かたやまのりあき）　大阪府立工業高等専門学校システム制御工学科教授

兼重明宏（かねしげあきひろ）　徳山工業高等専門学校機械電気工学科助教授

石川昌明（いしかわまさあき）　山口大学工学部知能情報システム工学科教授

森田良文（もりたよしふみ）　名古屋工業大学工学部電気情報工学科講師

小野治（おのおさむ）　明治大学理工学部電気電子工学科教授

浜口雅史（はまぐちまさふみ）　島根大学総合理工学部電子制御システム工学科助教授

三好孝典（みよしたかのり）　豊橋技術科学大学工学部生産システム工学系講師

山田実（やまだみのる）　岐阜工業高等専門学校機械工学科講師

（執筆順）

まえがき

　現代社会において，われわれの身のまわりにあるものは，自動制御の技術なくしては，作れないし，動かない時代になってきている．電気炊飯器のような小さなシステムから，自動車，工場などの大きなシステムに至るまで，自動制御に関する体系的な学問である制御工学は，第二次世界大戦後急速に発達して，工学における重要な一分野となっている．いまや，機械系，電気・電子系，情報系，化学系，環境系など幅広い分野における基礎的学問として欠かせないものとなってきており，本書はその入門書として執筆した．制御工学をより広くとらえるため，本書の題名にはシステム制御工学という言葉を用いた．

　制御とは，自分の狙った目的を実現するために，対象に対して働きかける方法，仕組み，行動のことである．読者は，制御という日本語よりも，コントロールという英語のほうが聞きなれているかもしれない．投手のコントロールがよい，テレビゲームのコントローラ，自分をコントロールする，ロボットのコントロールなどがその例である．制御という言葉は，ある意味で華やかであり，魅力的であり，そのため学生に人気がある．しかし，このような表向きの華やかさに比べて，制御工学という学問は，学生や一般の人から難しいと言われることが多い．ラプラス変換，微分方程式など，まるで数学のようだ．モータとセンサ，そしてマイコンを結びつけ，物を動かすことは面白いが制御工学は難しい，面倒だという言葉をよく聞く．筆者も学生時代，抽象的な制御理論をイメージ化して理解するのに苦労したことを思い出す．しかし，制御工学には方法論としての哲学があり，あらゆる分野に応用できる基礎工学としての面白さ，また，理論的に整然としているところに強く魅力を感じた．

　さて本書は，動的システムの線形制御理論に焦点をあてて話を展開した．まず最初に，物理モデル，非線形モデル，分布モデル，離散時間モデル，時系列モデル，周波数応答モデル，伝達関数モデルなど各種のモデルをどのようにして導出するかを述べた．さらに，各種のモデルをいかにして，線形制御理論の出発点と

してよく用いられる連続時間の線形集中系状態空間モデルに変換するかを本書では詳しく説明した．これらにより，読者はモデルを自由に操ることができるノウハウを学習できるであろう．また，モデリングは動的システムの挙動予測に関するシミュレーションツールという意味だけでなく，制御系設計においても重要であることを理解できるようにした．制御理論を実際問題に応用するとき，制御対象のモデルは与えられるものでなく，導出するものであることから，モデリングは制御系設計の第1段階であることが理解できるであろう．

次に，制御システムの解析論として，周波数応答解析と時間応答解析について述べた．時系列のデータに対して，周波数の世界での見方と，時間の世界での見方を述べ，また，それらの相互関係を述べ，一つの現象を二つの切り口で見る制御工学の奥深さを説明した．それらをもとに，過渡応答，定常応答，安定論などを述べた．そして，制御系の設計論では，まず制御系の設計目標，仕様について述べ，制御系設計とは何をすることかを明確にした．

ついで，フィードフォワード制御，フィードバック制御，PID制御，むだ時間制御，非干渉制御，ロバスト制御の基礎について言及した．最後にディジタルコンピュータで制御することを考えて，ディジタル制御の要点を記述した．ディジタル（離散時間）系の制御理論も存在するが，それについては本書では述べず，連続系で得られたコントローラを，いかにディジタル化するかを説明した．なお，動的システムの制御理論に対して，制御工学のもう一つの中心的課題として，離散事象システムに対するシーケンス制御がある．これについては，基本的な概念や，解析法，設計法を簡単に説明するにとどめたが，制御工学を広い意味で理解できるよう，この章を設けた．

現代制御，ロバスト制御，非線形制御など高度な制御理論については，紙数の都合上，掲載できなかったが，制御対象をいかに料理するか，つまり制御対象のプロセスを解析し，それに基づき制御系の設計をいかに合理的に行うかについては，できる限り平易に書いたつもりである．著者らの体験をもとに，独学であっても本書を読破すれば，制御系設計の枠組みを一通り学習でき，また，制御理論の本質を理解できることを目指して執筆した．本書は，コラムなど適宜挿入し，できるだけ概念や考え方をイメージ化しやすいようにしたつもりなので，大学生や高専生の入門書としてはもちろんのこと，社会人の方にも，実際問題への応用の際に参考になるものと考えている．とはいうものの，筆者らの力不足で，読み

にくい部分も多々あるかもしれない．ご指摘いただければ幸甚である．

なお，本書の執筆分担は下記のとおりである．

第1章，第4章，第8章：寺嶋一彦，第2章，第6章：片山登揚，第3章：兼重明宏，第5章：石川昌明，第7章：森田良文，第9章：小野　治，第10章：浜口雅史，第11章：三好孝典，第12章：山田　実

最後に，本書を執筆するにあたって，各執筆者の所属機関の先輩，同僚をはじめいろいろな方々のご配慮をいただいた．また，朝倉書店編集部の方々には常に暖かい励ましを受けた．これらの好意に対して心から御礼申し上げる次第である．

2003年8月

著者を代表して

寺 嶋 一 彦

目　　次

1. 自動制御の分類と発展の歴史 …………………………………………… 1
   1.1 制御とは ……………………………………………………………… 1
      1.1.1 自動制御とシステム ………………………………………… 1
      1.1.2 自動制御の分類 ……………………………………………… 3
   1.2 制御の歴史 …………………………………………………………… 6
   1.3 本書の構成 …………………………………………………………… 10

2. 数学的準備 …………………………………………………………………… 14
   2.1 ラプラス変換 ………………………………………………………… 14
      2.1.1 複素数 ………………………………………………………… 14
      2.1.2 ラプラス変換の定義 ………………………………………… 15
      2.1.3 ラプラス変換の性質 ………………………………………… 17
   2.2 逆ラプラス変換 ……………………………………………………… 20
      2.2.1 逆ラプラス変換 ……………………………………………… 20
      2.2.2 逆ラプラス変換の応用 ……………………………………… 21
   2.3 フーリエ級数とフーリエ変換 ……………………………………… 22

3. シーケンス制御 ……………………………………………………………… 25
   3.1 シーケンス制御系の制御対象 ……………………………………… 25
   3.2 リレーシーケンス制御系の構成 …………………………………… 27
      3.2.1 リレーシーケンス制御 ……………………………………… 27
      3.2.2 シーケンス制御用機器 ……………………………………… 29
      3.2.3 プログラマブルコントローラ(PC) ………………………… 30
   3.3 シーケンス制御系の動作 …………………………………………… 31
      3.3.1 論理回路 ……………………………………………………… 31

3.3.2　時間の処理と競合の処理………………………………… 34
　3.4　論 理 代 数 ……………………………………………………… 35
　　　3.4.1　ブール代数の公理…………………………………………… 36
　　　3.4.2　ブール代数の定理…………………………………………… 36
　　　3.4.3　真理値表から論理代数の導出……………………………… 38
　　　3.4.4　カルノー図による論理代数の簡略化……………………… 39
　3.5　PCの活用 ……………………………………………………… 40
　　　3.5.1　プログラミングの方法……………………………………… 40
　　　3.5.2　PCの演算命令と演算 ……………………………………… 41
　3.6　これからのシーケンス制御…………………………………… 42

4. ダイナミカル制御と制御系設計とは ……………………… 46
　4.1　制御系設計と制御対象モデルとの関係……………………… 46
　4.2　フィードフォワード制御とフィードバック制御…………… 49
　　　4.2.1　制御のシステムづくり……………………………………… 49
　　　4.2.2　フィードバック制御とフィードフォワード制御の特徴… 51

5. 数学モデルと状態方程式 …………………………………… 57
　5.1　モデルの分類…………………………………………………… 57
　5.2　種々の現象の数学的モデリング……………………………… 60
　　　5.2.1　機械システムのモデリングの例…………………………… 61
　　　5.2.2　電気システムのモデリングの例…………………………… 61
　　　5.2.3　プロセスシステムのモデリングの例……………………… 62
　5.3　分布系システムの集中システムへの変換法………………… 64
　　　5.3.1　変数分離を用いる方法……………………………………… 64
　　　5.3.2　固有関数展開を用いる方法………………………………… 66
　　　5.3.3　数値的解法…………………………………………………… 68
　5.4　状態方程式……………………………………………………… 70
　5.5　非線形システムの線形近似…………………………………… 72
　5.6　状態方程式の解………………………………………………… 73

6. 伝達関数とシステムの時間応答 …… 75
6.1 伝達関数とインパルス応答 …… 75
6.1.1 伝達関数の定義 …… 75
6.1.2 インパルス応答 …… 76
6.2 伝達関数とインディシャル応答 …… 78
6.3 ブロック線図とその等価変換 …… 83

7. システムの周波数応答 …… 88
7.1 周波数伝達関数 …… 88
7.2 ボード線図 …… 89
7.2.1 積分要素と微分要素 …… 90
7.2.2 1次遅れ要素 …… 91
7.2.3 2次遅れ要素 …… 92
7.2.4 むだ時間要素 …… 93
7.2.5 ボード線図の折線近似 …… 93
7.2.6 ボード線図の合成 …… 94
7.3 ベクトル軌跡 …… 95
7.3.1 積分要素と微分要素 …… 95
7.3.2 1次遅れ要素と2次遅れ要素 …… 96

8. システム同定と実現問題 …… 99
8.1 静的システムに対する回帰式 …… 99
8.2 ダイナミカルシステムに対する動特性の測定 …… 101
8.2.1 ステップ入力による過渡応答法 …… 101
8.2.2 周波数応答法 …… 102
8.3 ノンパラメトリックモデルからパラメトリックモデルへの変換 …… 104
8.3.1 周波数伝達特性から伝達関数を求める方法 …… 104
8.3.2 伝達関数から状態方程式をつくる方法 …… 106
8.4 線形離散時間システムの同定 …… 109
8.4.1 線形離散時間モデル …… 109
8.4.2 最小2乗法によるパラメータ推定 …… 110

8.4.3　線形離散時間システムの状態空間表現 ………………………… 111

9. 安定性解析 …………………………………………………………… 116
9.1　システムの安定性 ………………………………………………… 116
9.2　ラウスおよびフルビッツの安定判別法 ………………………… 117
　　9.2.1　ラウスの安定判別法 ………………………………………… 118
　　9.2.2　フルビッツの安定判別法 …………………………………… 120
9.3　ナイキストの安定判別法と安定余裕 …………………………… 121
9.4　根 軌 跡 法 ………………………………………………………… 126

10. フィードバック制御系の特性 ………………………………………… 130
10.1　フィードバック制御系の過渡特性 ……………………………… 130
10.2　周波数特性と時間特性との関係 ………………………………… 133
10.3　フィードバック制御系の定常特性と内部モデル原理 ………… 134
　　10.3.1　目標値に対する定常偏差 ………………………………… 135
　　10.3.2　外乱に対する定常偏差 …………………………………… 137
　　10.3.3　内部モデル原理 …………………………………………… 138

11. 制御系の設計 ……………………………………………………………… 140
11.1　フィードバック制御系設計の基本的考え方 …………………… 140
　　11.1.1　フィードバック制御系に要求される特性 ……………… 140
　　11.1.2　コントローラに要求される特性 ………………………… 141
　　11.1.3　制御系設計の難しさ ……………………………………… 143
11.2　位相進みー遅れ補償 ……………………………………………… 144
　　11.2.1　位相進み補償 ……………………………………………… 144
　　11.2.2　位相遅れ補償 ……………………………………………… 146
　　11.2.3　位相進み補償器と位相遅れ補償器の特徴 ……………… 148
11.3　PID補償による制御系設計 ……………………………………… 149
　　11.3.1　PID補償器の構成 ………………………………………… 149
　　11.3.2　制御パラメータの調整法：限界感度法 ………………… 152
11.4　フィードフォワード制御とフィードバック制御の統合化による

         2自由度制御 ………………………………………………………… 153
    11.4.1 指令値からのフィードフォワードを有する2自由度制御……… 154
    11.4.2 モデル化誤差および外乱の影響とその対策………………………… 156
  11.5 むだ時間システムの制御―スミスの補償器……………………………… 157
    11.5.1 むだ時間を有するシステムと問題点……………………………… 158
    11.5.2 スミスのむだ時間補償器…………………………………………… 159
  11.6 非干渉制御系………………………………………………………………… 160
    11.6.1 完全な非干渉化……………………………………………………… 161
    11.6.2 低周波領域における対角化………………………………………… 162

12. ディジタル制御について ……………………………………………………… 166
  12.1 ゼロ次ホールドとサンプラ………………………………………………… 166
  12.2 連続システムの厳密な差分化……………………………………………… 167
  12.3 ディジタルシステムの伝達関数と周波数解析…………………………… 168
  12.4 コントローラの差分化……………………………………………………… 172

演習問題解答……………………………………………………………………………… 177
索　　引………………………………………………………………………………… 191

第1章
自動制御の分類と発展の歴史

　制御工学は，生産工場の機械制御やプロセス制御，家電製品の制御，自動車の制御，飛行機やロケットの制御，ロボットの制御など，身の回り品から宇宙産業に至るまであらゆる分野に応用されている．最近では，医療福祉，経済，社会システム，教育システムなど工学以外の分野への応用も期待されている．この章では，システムとは何か，制御とは何をすることなのか，制御システムの種類はどのようなものがあるのか，また，制御工学発展の歴史を解説し，システム制御工学を学ぶ動機づけにする．

1.1 制 御 と は

1.1.1 自動制御とシステム

　生産の場から誕生したオートメーション（自動化）は，生産性を高めるとともに，各産業のあらゆる分野における計測，制御，システム，情報処理などの自動化を進めることになり，各種産業を急速に発展させることになった．

　オートメーションを支える2本の柱には，自動制御の技術と情報処理の技術がある．自動制御は，人間の手によって行っていた手動制御に対して，おもに機械や装置の自動化のための技術であり，一方，情報処理技術はコンピュータの運用技術とシステム化技術である．制御とは，「御して制すると書くことから，ある目的に適合するように，対象とするものに所要の操作を加えること」と定義されている．これを自動的に行うのが自動制御である．望むとおりに実現しようとする行為である制御は，有形・無形，人間生活のあらゆる分野，さまざまな面に存在する．

　自動制御は，自動化によって省力化・無人化を目指すものである．一連の自動制御装置のなかには，頭脳的な働きをする部分があって，そこで計算・判断・指

令など制御に必要な処理を行う．この部分をコントローラと呼ぶ．おもにコンピュータが担当する．さらに，手足に相当する装置（アクチュエータ；制御機器）や，目や鼻などの五感に相当する装置（測定器；センサ）が付随し，これによって制御対象に所要の操作を行う．制御対象，コントローラ，アクチュエータ，センサの各要素は，物と情報の流れをつなぐように一つのシステムを構成し，制御目的を実現するように各要素や，サブシステムが統合されている．

さて，ここでシステムという用語の説明をしよう．システムとは，多くの要素からなる集合体が，ある目的に対して，合目的に機能する装置や仕組みをいう．システムには，数個の要素や部品からなる小規模のものから，数万点の部品からなる自動車や飛行機，また生産工場などの大規模システムなどさまざまである．したがって，単に，ある装置の温度制御などの自動化を図るだけでなく，全体のシステムの最適化などを考慮して制御設計をする必要がある．

例えば，図1.1に示す工場内を移動する自律走行車を考えてみよう．車の速度制御，方向制御はもちろんのこと，まわりの環境認識や，対向してくる移動物体を検知しなければならない．また，出発点から目的地への経路が複数ある場合，最適な経路をいかに計画するかなどの経路計画の問題がある．このように，自律走行車を動かすためには，障害物などの環境認識，障害物回避，経路計画，運動制御，センサ・モータ・コンピュータ・コントローラなどの実装化など，多くの要素の構築および各システムの統合化，つまりシステムインテグレーションの技術が不可欠である．したがって，制御システム（系）の設計を行うには，システム全体を見渡す必要がある．制御とは対象に対して，制御できるハードウェアとソ

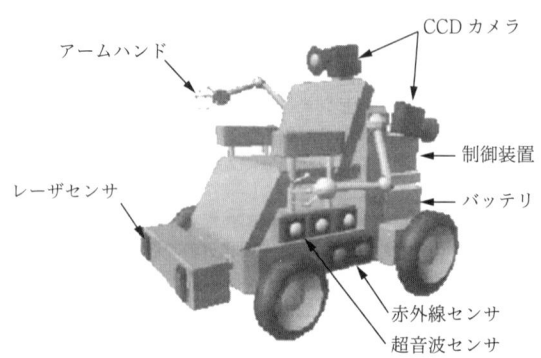

図 1.1　自律走行ロボット

フトウェアを付加し，全体のシステムを最適化していくものである．

システムが大規模になるにつれて，すべてのことを1人で処理するのは難しくなるので，その場合には，いろいろな人とチームを組み協力して実行していくシステムが必要になる．

以上述べたことから推察できると思うが，制御工学は自動制御という枠だけでなく，システムという視点から考えていくことが重要であり，システム制御という言葉が近年多く用いられている．

1.1.2 自動制御の分類

自動制御の制御目的による分類としては，シーケンス制御および動的システムなどを対象とした連続制御（ダイナミカル制御）がある．洗濯機のように一定時間を経過するか，あるいは，ある条件を満足すると次の動作へ移るという仕組みがある．これは，連続的に制御を行っているのではなく，時間も含めてある条件を満足したら次の異なる作業に移るという制御の仕方である．つまり，離散的事象(discrete event)に対して順序づけられた制御を行うのでシーケンス制御(sequence control)と呼ぶ．工程間の物の流れを考えたライン計画や各種条件を一定操作で制御する条件制御がシーケンス制御に相当する．一方，ロボットアームのあらかじめ与えられた軌道への追従制御は，制御出力を連続的にフィードバックし，目標値と比較しながら修正動作を行うのでフィードバック制御と呼ぶ．フィードバック制御は，機械・装置を，所定の目的に対して連続的に制御する．また，制御入力を何らかの方法であらかじめ求めておき，それをコンピュータに記憶させ，出力状況や外界の環境状況をフィードバックすることなく，連続的に制御信号を出力していく場合をフィードフォワード制御という．

フィードバックやフィードフォワードの連続制御が取り扱うシステムには，動的システム(dynamical system)と静的システム(static system)がある．静的システムとは，現在加えた入力によって出力が瞬時に決まるシステムのことである．一方，動的システムとは，現在の入力によって出力が，それ以後時間的に変化していくシステムである．いいかえると，現在の出力値は過去の入力の累積で決定される．静的システムでは，システムへの入力，出力の関係が代数方程式で表現できることから，制御の問題は代数方程式を解く問題となり，制御系の設計は容易である．一方，動的システムは微分方程式や差分方程式によって表され，

目標を達成する最適制御入力を求める問題は微分方程式や伝達関数などを取り扱うことになり複雑となる．このような経緯により，制御理論はおもに動的システムを制御対象として発展してきた．

さて，ここで制御対象のシステムに対する分類を示し，次に制御システムの分類を示そう．

（1） 制御対象システムの分類

a. 動的システムと静的システム

これはすでに述べたので，説明は省略する．

b. 集中システムと分布システム

システムの物理量が時間のみならず空間にも分布している場合を分布システムと呼び，偏微分方程式で表される．一方，時間のみの変数の場合を集中システムと呼び，常微分方程式で表される．本書では，集中システムの制御理論を取り扱う．なお，物理現象として分布システムであっても近似的に集中システムに変換する方法はいろいろあり第5章で述べる．

c. 線形システムと非線形システム

線形と非線形の違いを図 1.2 に示す．線形とは，入力 u_1 の出力を y_1，入力 u_2 の出力を y_2 とするとき，入力 $u = u_1 + u_2$ に対する出力は $y = y_1 + y_2$ と重ね合わせの原理がなりたつものである．重ね合わせの原理が成立しないものを非線形といい，$y = x^2$，$y = \sin x$ などは非線形関数である．線形システムと非線形システムについては，第5章で詳しく述べる．

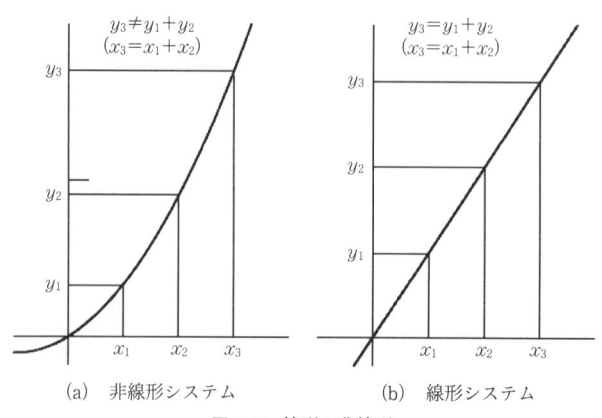

図 1.2 線形と非線形

d. 1入出力システムと多入出力(多変数)システム

制御対象に加えられる操作量が複数の場合は多入力,出力が複数の場合が多出力である.多変数制御では,制御変数間の相互作用により制御が難しくなる.

e. 確定システムと確率システム

システムに与えられた確定入力に対して,出力がかならず同じ結果となるシステムを確定システムという.それに対して,信号に不規則雑音が加入し,同一入力に対しても結果が不規則に変動する場合を確率システムという.本書では確定システムを取り扱う.

(2) 制御システムの分類

a. 制御目的による分類
1) シーケンス制御:工程間の切替えに関する離散事象的制御
2) ダイナミカル制御:工程内の連続的制御

b. 制御器による分類
1) アナログ制御:制御機器としてアナログ機器を用いたもの.制御器の演算装置としてオペアンプなどのアナログ電子機器を用いることが多い.
2) ディジタル制御:制御器にディジタルコンピュータを用いたものである.制御装置の機能をディジタル演算のソフトで実現できるため,汎用性が高く,柔軟性に富む高度な制御を達成できる.ディジタル制御系の構成は,A/D変換器,コンピュータ,D/A変換器を制御装置としている.

c. センサ信号の利用による分類
1) フィードバック制御:出力値に対して,センサを利用してオンラインで測定し,常に目標値との比較を行い制御する.
2) フィードフォワード制御:出力値をセンサでオンライン測定せず,あらかじめプログラミングされたように操作信号を出力して制御する.

d. 目標値の性質による制御分類
1) 定値制御:目標値が一定である制御
2) 追値制御:目標値が時間とともに変化する制御

e. 制御量の性質による制御分類
1) プロセス制御:各種の工業プロセスにみられる温度,圧力,流量,水位,pH,湿度などの状態量を制御量とし,これらを最適な生産条件に合うように設定された値に制御する方式をプロセス制御と呼んでいる.定値制御が多

い．
2) サーボ制御：制御量が機械的位置，回転角度，速度，姿勢，力など，力学量を扱う制御であり，一般に追値制御となる．ロボットの制御，工作機械の制御など，高速，高精度な制御や振動制御が要請され，近年，モーションコントロールとも呼ばれている．
3) 自動調整：電気・電子回路など周波数，電圧，電流などが制御量として制御される場合，このように呼ばれ，一般に定値制御である．

1.2 制御の歴史

制御技術・理論の歴史をたどると，1788年，ジェームズ・ワットによる蒸気機関車における速度調節器であるガバナの発明と，その解析を行ったマックスウェルの論文(1868年)とされる．図1.3にガバナの調節原理を示す．速度が上がると，高速回転により遠心力が増加し，フライボールが上昇する．それに伴い，蒸気弁が閉じる方向に動き，蒸気の供給が減少することにより減速する．一方，速度が下がり始めると，フライボールが下降し，蒸気弁が開く方向に動くことにより，蒸気供給が増加するため速度が上がる．このようにして，定められた速度に自動調整される．目標速度は，ガバナの上部に取り付けられたバネの締めつけ具合により設定できる．このように，当時の速度制御は機械の構造設計によりなされていた．

制御理論がパラダイムとなった時期としては，現在までに大きく分けて三つの

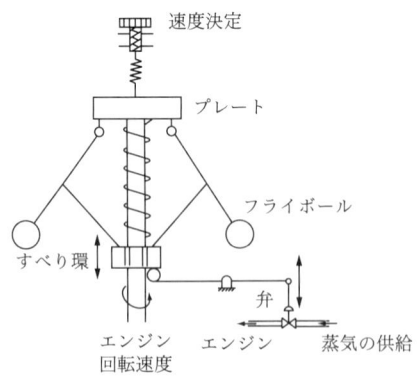

図 1.3　遠心調速機

1.2 制御の歴史

時代がある．1番目の時期は1920～40年代で，世界大戦を契機として，1入力1出力システムを中心とした古典制御理論が大きく発展した．電話回線用中継器の増幅器設計にブラックが周波数特性に基づき，負帰還フィードバック増幅器を発明（1927年）したことが制御発展の一つの起源になっている．古典制御の特色は，制御対象モデルとして入出力特性を伝達関数として与えること，制御器を補償器として，おもに周波数特性に基づいて制御パラメータの決定を行うことである．さらには，プラントの動作条件の変更，外乱の介入なども考慮して，安定性などに余裕を持たせ，現場のチューニングを重視して決められた．フィードバック制御により，目標値への追従性が確実に上がり，堅実な成果をあげた．

2番目の時期としては，1950～60年代で，米ソが月面着陸1番乗りを競いあったときである．ロケットの軌道推定や，最適制御などの多入力多出力の複雑なシステムを対象に，現代制御理論が大きく開花した．この制御の特徴は，状態変数と呼ばれる制御対象の内部変数の動的な変動を1階の連立微分方程式として時間領域で記述し，それに基づき制御理論が数学的に展開されたことである．状態変数は，ミクロに対象を考察することに対応する．例えば，物体の位置 x は，速度 $\dot{x}$，加速度 $\ddot{x}$ から構成されるが，それらを状態変数として状態変数すべてをフィードバック制御することを前提としている．古典制御が，出力に基づき設計されるのに対して，現代制御は状態フィードバックに基づくため，よりきめ細やかな制御が原理的に可能となる．また，現代制御では，制御仕様を評価関数（目的関数）として与え，その評価関数を最小化する意味で最適制御と呼ばれる．古典制御理論は，通常1入出力システムを対象としているが，現代制御理論は，1入出力と多入出力システムが同じ理論体系になっており本質的に区別を必要せず，優れた特色である．また複雑大規模なシステムや，最適性を追求したところが古典制御と異なりインパクトを与えた点である．

3番目は，1980～90年代の時期である．この時代をポストモダンということもある．時代的には，ロボット産業やプロセス産業の進展に伴う，より実用的な制御手法の開拓の時期である．これは，古典，現代制御の流れを受け継ぐ伝統的制御手法の系列である．現代制御理論がプロセスの正確なモデルを前提としており，不正確さを含むモデルに対しては性能を保証できないのに対して，モデルには不確かさがあることを前提として，あらかじめモデル変動の幅を事前の設計に取り込み，安定性や最適性を保証させる実用的な制御手法としてロバスト制御が

開花した．H_∞ロバスト制御は，そのなかで最も有名である．周波数領域のループ整形設計法であるが，コントローラの設計計算は試行錯誤ではなく最適性を追求したものであり，古典制御，現代制御という両手法の長所を原理的に備えている．H_∞制御理論はきわめて難解であるが，近年数値解析ソフトウェア Matlab など制御 CAD の環境が整備され，理論のポイントさえ理解しておけば，簡単に H_∞ コントローラを求めることができる．一方，ロバスト制御とよく比較されるものに適応制御がある．1960 年代にその考え方は提案されたが，安定性などに問題があり実用化されていなかった．しかし，1970 年代後半に安定性が証明され大きな発展がなされた．適応制御では，制御対象の伝達関数モデルを $P(s)$ とすると，$P(s)$ のパラメータをオンライン推定(同定)し，プロセスパラメータの値に応じて自動的にコントローラの制御パラメータを決めていくものである．プロセスの構造はわかっているが，プロセスパラメータが大きく変動し，変動があらかじめ予測できない場合に有効である．ただし，オンライン同定での計算時間，メモリに関して問題が生じることがある．これに対してロバスト制御では，制御パラメータをモデル変動に対して変更することなく，どのような状況においても一定の性能が得られるように，事前の設計で固定したコントローラを求めるもので，ロバスト(頑強)という言葉が使われている．いずれの手法も，現代制御が正確なモデルを前提としており理想的であるのに対して，はじめからモデルが不正確であることを前提とした実用的理論である．プロセス変動がある程度の幅であれば，ロバスト制御で対処でき，大きければ適応制御が有効であると考えられる．

　古典，現代，ポストモダン制御は，いずれも制御対象を伝達関数や微分方程式で表現した数式モデルを基に設計される理論である．これらをときに，モデルベースト制御といわれる．それに対して，数学モデルで制御対象を表すには限界がある複雑なシステムがあることが指摘され，それらに対する方法がいくつか提案され実用化までに開花した．モデルベースト制御では，モデルをもとに，制御仕様を満たすコントローラを求めるのが目的で，その守備範囲では，高速，正確な制御ができるアドバンストな制御である．しかし，モデル化されていない部分や，環境の変化，また突然の故障時などに対応して意思決定できる能力が含まれていないものであった．それらに対応できるものとして，ファジィ制御，AI 制御，ニューラルネットワーク制御などが登場した．これらは，インテリジェント

制御と呼ばれることも多い．ファジィ制御は 1965 年に Zadeh 教授が発表したものであるが，当時は現代制御が主流であり批判が多かった．ファジィという言葉が，「あいまい」ということを意味し，ファジィ制御をあいまい制御と訳されることもあった．科学は，あいまいな所をなくし，真理を究明していくものであるということから，この制御に対する誤解もあったようである．それに対して，1980 年代になり，日本の企業がこの制御手法で大きな成果をあげ，世界的に注目されるようになった．ファジィ制御では，制御の規則を言語で表現でき，多くのルールから，ファジィ推論で制御結果を導くものである．例えば，現場の熟練者などは，プロセスによっては「におい」や「色」などによっても，熟練の勘により制御を行い，よい実績をあげている．ファジィ制御では，微分方程式などが導きにくいあいまいな現象を，複数のファジィルールで表現し，複雑な対象に対応できる制御である．つまり，一つのルールで結論が出せない複雑な現象を，いろいろな角度から観察し，いろいろな見地からの基礎事実を列挙し，それらからある推論方法により結論を推論し，熟練者のような結論を導き出す方法である．決してあいまいな方法ではなく，真理に近づいていくための一過程である科学的方法といえる．このほか，「If …, then」ルールで表した AI（人工知能；artificial intelligence）などもこれに類似したものである．また，ニューラルネットワークなどもこの時期開花した．生物の神経システムを模擬した情報処理手法である．システム構造は多層からなるネットワークで構成され，ネットワークは結合係数とシグモイド関数からなり，大規模システムの非線形関係を与えるもので，多くの学習によってその特性を学びそれを汎用化できる．以上述べた制御理論の鳥か

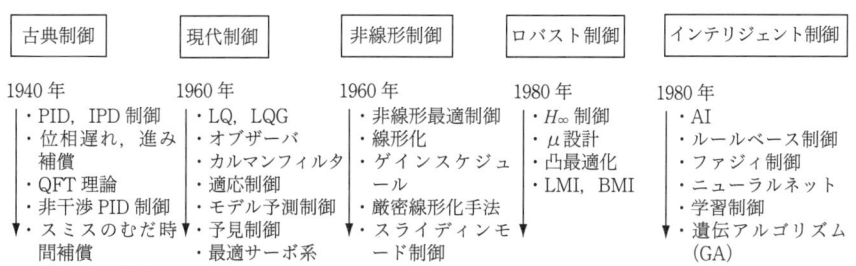

図 1.4　制御理論の推移

ん図を図 1.4 に示す．

1.3 本書の構成

すでに述べたことからシステム制御という学問は，広範囲な領域から構成された横断的な学問である(図 1.5)．具体的な対象を制御するためには，各種の制御対象を解析する必要があり，機械，電気・電子，物理など特有の基礎工学を学ぶ必要がある．また，制御理論にしても，古典制御，現代制御，ポストモダン制御，インテリジェント制御など多種多様である．また，制御のソフトを実装化するためには，プログラミングなどのコンピュータ情報処理技術，センサ，アクチュエータ，インタフェースに関するメカトロ技術が必要となる．しかし，これらすべてを本書すべてに含めることは不可能であり，本書では，図 1.5 に示すように，システム制御工学の中心的部分(コア)であるシステム制御理論を中心に話を展開し，それ以外の部分は最小限にとどめることにする．

本書の構成を図 1.6 に記す．

制御系の設計については，各種制御理論の基礎である古典制御理論による制御系の設計(第 11 章)について述べた．なお，制御系の設計とは何をすることかを述べ，制御系設計とモデルの関係についても述べた(第 4 章)．すなわち，フィードバック制御をする場合にも，なぜ，制御対象に対するモデルが必要かなどを詳しく解説した．またフィードフォワード制御についても言及した(第 4, 11 章)．

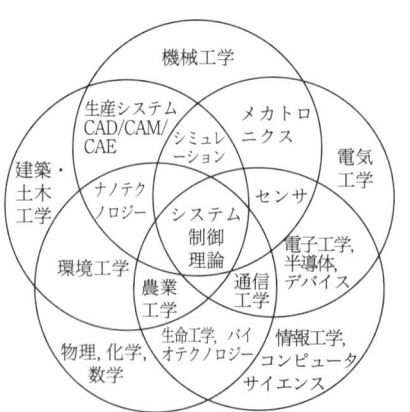

図 1.5 システム制御工学に必要な学問

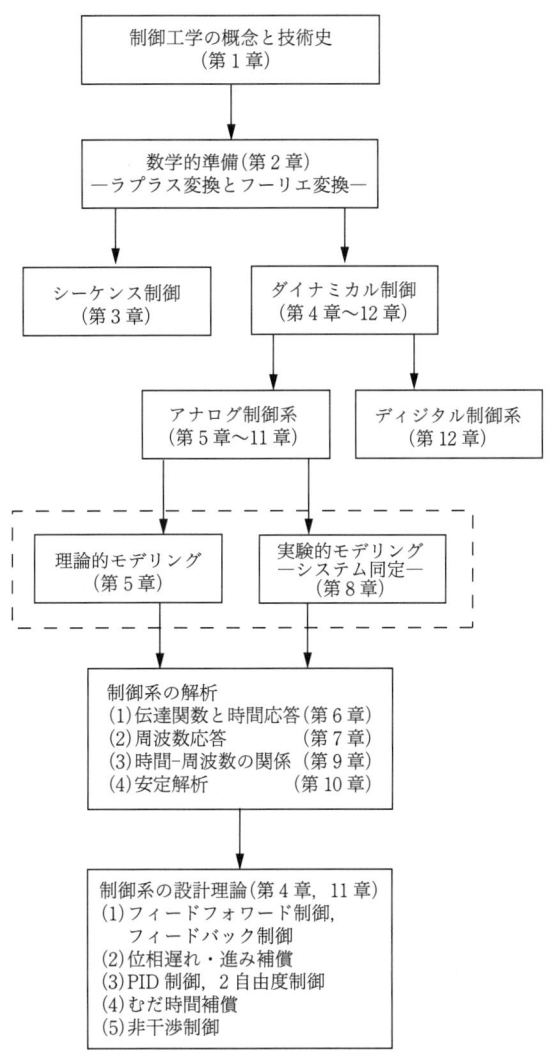

図 1.6 本書の構成

現代制御など他のアドバンストな制御理論については，紙数の制限により割愛した．古典制御とはいえ，現場の制御では，現在でも9割がこの手法を用いている実用的な定評ある制御手法である．プロセス制御で多く用いられるPID制御，サーボ制御で用いられる位相遅れ・進み補償，フィードフォワードとフィードバ

ックの併合により，制御性能の向上を目指した2自由度制御，さらに，むだ時間補償，そして多変数システムへの対応のための非干渉化制御などを中心に解説した．本書では，おもに連続システムについて述べたが，実際コンピュータを用いて制御すると，アナログではなくディジタル制御することになる．制御対象は連続的に稼働しているが，計測や制御は離散的，つまりディジタル制御になる．したがって，第11章までは連続システムについて述べたものであるが，実装化するときに，それをいかにディジタル化するかを第12章に述べた．

なお，シーケンス制御については第3章に記載した．シーケンスの制御は，現場を中心として発展してきたもので，実践的で重要な制御技術である．シーケンス制御は，ダイナミカル制御とモデルの記述は異なるものの，最適化や制御などの考え方は共通するので第3章だけで述べることにした．

本書の内容の中心は，集中系の線形システムに対する古典制御理論である．実際の現象は，多かれ少なかれ分布系，非線形システムである．しかし，これらの制御理論は大系化されておらず，また高度な数学的知識を要し，本書の範囲を越えている．しかしながら本質的には，分布系は，適当な場所ごとに集中系に変換したり，第5章で述べる方法で集中系に変換できる．また，非線形システムは，

コラム　コントロールするのか？　されるのか？

制御という言葉は少し堅苦しいですかね．コントロールというほうがわかりやすいのではありませんか？　昔，博士課程の学生であったころ，たまたま道端で幼稚園の園長先生に会いました．園長「今，何研究しているの」，小生「制御理論です．」，園長「制御ってなんだ！」，小生「そうですね．何というか．あ，コントロールです」，園長「そうか．始めからそういえ」，小生「？（本当にわかったのかな）」．ピッチャーのコントロールがよいとか，パソコンゲームでコントローラという言葉を使うので，そのほうが市民権を得ているのでしょう．ところで，制御するのと，されるのと，どちらが楽でしょうか．機械を制御するとき，機械に聞くわけにはいかないですが，人間の場合はどうでしょうか．制御されるほうですかね．いや双方が協調してやることがよい結果を生むでしょうね．機械の制御も，人間・機械協調系とか，人間と機械の調和，人間とロボットの共生，共創システムなど，21世紀の制御のキーワードとなっています．本書を通して，コントロールを楽しむことをすすめます．

各動作点ごとに線形システムに変換でき，おのおのの線形モデルに対して，線形コントローラをつくり，動作点ごとに，コントローラを切り替えていくゲインスケジュールコントローラで対処することが多い．これらのことにより，制御工学を初めて学ぶ入門者には，集中系線形システムに対する古典制御理論の題材が最適であると考えられ，本書は，その趣旨にそって執筆した．

演 習 問 題

1.1 制御システムの基本構成について述べよ．
1.2 制御システムの評価項目をあげよ．
1.3 コンピュータ技術と制御技術のかかわりについて要点を述べよ．
1.4 制御システムの設計に際し考慮すべき要件をあげよ．
1.5 日常生活のなかで制御技術が応用されている例を列挙せよ．
1.6 地球環境と共存できる制御システムの構成用件をあげよ．

参 考 文 献

1) 示村悦二郎：自動制御とは何か，コロナ社(1990)
2) 明石 一：制御工学，共立出版(1986)
3) 浜田 望，松本直樹，高橋 徹：現代制御理論入門，コロナ社(1997)
4) 杉江俊治，藤田政之：フィードバック制御入門，コロナ社(1999)

第2章 数学的準備

本章では,数学的準備として制御工学を理解するために必要なラプラス変換とフーリエ変換の基礎について述べる.基本的な制御対象は,線形常微分方程式で記述される.線形常微分方程式系を解析するとき,ラプラス変換は便利な道具である.ラプラス変換を用いれば,微積分の演算を単に記号 s の代数演算に置き換えることができ,制御系の表現や解析が容易になる.

2.1 ラプラス変換

本節では,まず複素数について復習し,さらにラプラス変換の定義,性質および応用例について簡単に述べる.

2.1.1 複素数

虚数単位を $j=\sqrt{-1}$ として,二つの実数 a, b を用いて,
$$z = a + jb \tag{2.1}$$
で表される数を複素数という.a を複素数 z の実部と呼び,$\mathrm{Re}[z]$ と表し,一方 b を複素数 z の虚部と呼び,$\mathrm{Im}[z]$ と表す.さて,図2.1のように,横軸を実部,縦軸を虚部にとると,複素数を平面上の点で表すことができる.この平面を複素平面またはガウス平面と呼ぶ.複素数 z は,図2.1より原点からの距離 r と実軸の正の部分となす角 θ を用いて
$$z = r(\cos(\theta) + j\sin(\theta)) \tag{2.2}$$
とも書ける.ここで,$r \geq 0$, $0 \leq \theta < 2\pi$ である.式(2.2)の右辺を複素数 z の極形式または極表示と呼ぶ.また,非負の実数 r を複素数 z の大きさまたは絶対値と呼び,角度 θ を複素数 z の偏角と呼び,それぞれ
$$r = |z|, \qquad \theta = \mathrm{Arg}(z) \tag{2.3}$$

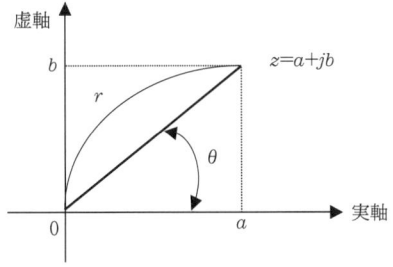

図 2.1 複素平面

と表す．

ところで，オイラーの公式

$$e^{j\theta} = \cos(\theta) + j\sin(\theta) \tag{2.4}$$

を用いると式(2.2)は，次のように簡単に表される．

$$z = re^{j\theta} \tag{2.5}$$

さて，複素数 $z = a + jb$ と実数 t との積を指数関数の指数部に持つ場合 $e^{zt} = e^{(a+jb)t}$ を考える．複素数 e^{zt} の絶対値は，$|e^{jbt}| = 1$ を用いると，$|e^{zt}| = |e^{(a+jb)t}| = e^{at}|e^{jbt}| = e^{at}$ となるので，$a < 0$ のとき，$\lim_{t \to \infty} e^{zt} = \lim_{t \to \infty} e^{(a+jb)t} = 0$ が成立する．次の項で定義するラプラス変換では，$\lim_{t \to \infty} e^{zt}$ の極限の計算を必要とする．したがって，$\lim_{t \to \infty} e^{zt}$ は，$\mathrm{Re}[z] \geq 0$ のときは，有限確定値を持たず，$\mathrm{Re}[z] < 0$ のときのみ，有限確定値 0 となることを注意しておく．

2.1.2 ラプラス変換の定義と性質

$f(t)$ を $t \geq 0$ で定義された関数とする．ただし，$t < 0$ においては，$f(t) = 0$ とする．このとき，次の式(2.6)の最右辺の定積分で定義される関数を $f(t)$ のラプラス変換と呼び，$F(s)$ または $L[f(t)](s)$ で表す．

$$F(s) = L[f(t)](s) = L[f(t)] = \int_0^\infty f(t)e^{-st}dt \tag{2.6}$$

$L[f(t)](s)$ の s が省略されて $L[f(t)]$ とかかれることも多い．本書では，$F(s)$，$L[f(t)](s)$，$L[f(t)]$ のいずれかを用いることにする．

ラプラス変換では，実数 t の関数 $f(t)$ が積分されて，新しい変数 s の関数

$F(s)$ に変換されている．ここで，変数 s は一般に複素数である．式(2.6)の定積分が定義されるとき，関数 $f(t)$ はラプラス変換可能という．以下の条件式(2.7)を満たす正の数 $M>0$ と実数 a が存在するとき，関数 $f(t)$ のラプラス変換 $F(s)$ は，$\mathrm{Re}[s]>a$ の s に対して存在する．

$$|f(t)|<Me^{at} \qquad (t\geq 0) \tag{2.7}$$

三角関数や指数関数など通常制御工学で用いる関数は，すべてラプラス変換が可能であり，今後特に断らないこととする．以下，いくつかのラプラス変換の例を示す．

【例 2.1】 単位階段関数 $u(t)=\begin{cases} 0 & (t<0) \\ 1 & (t\geq 0) \end{cases}$ のラプラス変換を求める．

式(2.6)から，単位階段関数 $u(t)$ のラプラス変換は $\mathrm{Re}[s]>0$ として，次式のように求まる．

$$L[u(t)]=\int_0^\infty 1 e^{-st}dt=\left[\frac{e^{-st}}{-s}\right]_{t=0}^{t=\infty}=\frac{1}{s} \tag{2.8}$$

上式(2.8)において，複素数のところで注意したように $\mathrm{Re}[s]>0$ のとき $\lim_{t\to\infty}e^{-st}=0$ となり，$\mathrm{Re}[s]\leq 0$ のときは $\lim_{t\to\infty}e^{-st}$ は有限確定値とならないことを用いている．今後，ラプラス変換における定積分の上限値，つまり $t\to\infty$ のときの極限値は0となるときのみを考えるものとし，特にそのことについては言及しないことにする．

【例 2.2】 指数関数 e^{at}（a は定数）のラプラス変換を求める．

式(2.6)から，$\mathrm{Re}[s-a]>0$ として，次式のように求まる．

$$L[e^{at}]=\int_0^\infty e^{at}e^{-st}dt=\left[\frac{e^{-(s-a)t}}{-(s-a)}\right]_{t=0}^{t=\infty}=\frac{1}{s-a} \tag{2.9}$$

【例 2.3】 正弦関数 $\sin(\omega t)$（ω は定数）のラプラス変換を求める．

オイラーの公式(2.4)より，$\sin(\omega t)=(e^{j\omega t}-e^{-j\omega t})/(2j)$ と表されるので，例2.2を用いて次式のように求まる．

$$\begin{aligned} L[\sin(\omega t)] &= \int_0^\infty \frac{e^{j\omega t}-e^{-j\omega t}}{2j}e^{-st}dt \\ &= \frac{1}{2j}\left(\frac{1}{s-j\omega}-\frac{1}{s+j\omega}\right)=\frac{\omega}{s^2+\omega^2} \end{aligned} \tag{2.10}$$

ただし，$\mathrm{Re}[s]>0$ の下で，$\sin(\omega t)$ のラプラス変換は定義されている．また，余弦関数 $\cos(\omega t)$ のラプラス変換も同様な計算から，次式のように求まる．

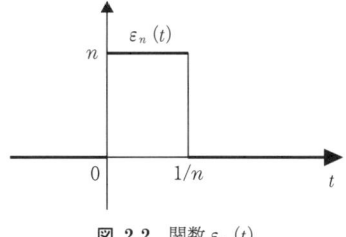

図 2.2 関数 $\varepsilon_n(t)$

$$L[\cos(\omega t)] = \frac{s}{s^2 + \omega^2} \tag{2.11}$$

【例 2.4】 インパルス関数 $\delta(t)$ のラプラス変換を求める.

インパルス関数 $\delta(t)$ とは,次の式(2.12)で定義される関数 $\varepsilon_n(t)$ の $n \to \infty$ の極限として定義される(図2.2参照).つまり,パルスの面積を1に保ったままで,パルスの幅が0に近づいたときの極限とみなされる.

$$\varepsilon_n(t) = \begin{cases} n & (0 \leq t \leq 1/n) \\ 0 & (t < 0,\ 1/n < t) \end{cases} \tag{2.12}$$

$\varepsilon_n(t)$ のラプラス変換は,式(2.6)から

$$L[\varepsilon_n(t)] = \int_0^{1/n} n e^{-st} dt = n \left[\frac{e^{-st}}{-s} \right]_{t=0}^{t=1/n} = n \frac{1 - e^{-s/n}}{s} \tag{2.13}$$

と求められる.したがって,インパルス関数 $\delta(t)$ のラプラス変換は,$n \to \infty$ の極限をとることにより,次のように求められる.

$$L[\delta(t)] = \lim_{n \to \infty} \frac{1 - e^{-s/n}}{s/n} = \lim_{h \to 0} \frac{1 - e^{-h}}{h} = \frac{\lim_{h \to 0} d(1 - e^{-h})/dh}{\lim_{h \to 0} d(h)/dh} = 1 \tag{2.14}$$

式(2.14)において,$h = s/n$ とおいている.また,インパルス関数 $\delta(t)$ はディラックのデルタ関数とも呼ばれる.

2.1.3 ラプラス変換の性質

ラプラス変換では,定積分の式(2.6)を用いて t の関数 $f(t)$ を s の関数 $F(s)$ に写している.変換されるもとの関数 $f(t)$ を t 領域または時間領域の関数と呼び,ラプラス変換後の関数 $F(s)$ を s 領域または周波数領域の関数と呼ぶ.二つの領域があって,その橋渡しをラプラス変換が担っており,制御工学ではおもに

s 領域において考察，議論することが多い．以下に，ラプラス変換の基本的性質を述べる．t 領域における微積分の演算が s 領域における代数演算に置き換えられることに注意されたい．

■性質 2.1　線形性

線形演算である定積分の式 (2.6) でラプラス変換は定義されていることより，定数 a, b と任意の関数 $f(t)$, $g(t)$ について次の式が成立する．

$$L[af(t)+bg(t)] = aL[f(t)] + bL[g(t)] \tag{2.15}$$

■性質 2.2　導関数のラプラス変換

関数 $f(t)$ のラプラス変換 $L[f(t)]$ と導関数 $df(t)/dt$ のラプラス変換 $L[df(t)/dt]$ は，次の関係で結ばれる．

$$L\left[\frac{df(t)}{dt}\right] = sL[f(t)] - f(0) \tag{2.16}$$

さらに，高階導関数 $d^n f(t)/dt^n$ のラプラス変換は，式 (2.16) を繰り返し用いることにより，

$$L\left[\frac{d^n f(t)}{dt^n}\right] = s^n L[f(t)] - s^{n-1} f(0) - s^{n-2} \left.\frac{df(t)}{dt}\right|_{t=0}$$
$$- s^{n-3} \left.\frac{d^2 f(t)}{dt^2}\right|_{t=0} - \cdots - \left.\frac{d^{n-1} f(t)}{dt^{n-1}}\right|_{t=0} \tag{2.17}$$

となる．ここで，n は正の整数である．

■性質 2.3　積分のラプラス変換

関数 $f(t)$ のラプラス変換 $L[f(t)]$ と関数 $f(t)$ の積分 $\int_0^t f(u)\,du$ のラプラス変換 $L\left[\int_0^t f(u)\,du\right]$ は，次の関係で結ばれる．

$$L\left[\int_0^t f(u)\,du\right] = \frac{1}{s} L[f(t)] \tag{2.18}$$

式 (2.16) と式 (2.18) より，t 領域における微分が s 領域で s を掛けることに対応して，t 領域における積分が s 領域で s で割ることに対応していることがわかる．これは，どちらの領域においても互いに逆演算になっている．以上のことから，s を微分演算子，$1/s$ を積分演算子と呼ぶ．

さて，t 領域での関数の加減算は s 領域での加減算に対応し，t 領域における微積分演算は s 領域においては，演算子 s の乗除算に対応している．ところが，t 領域における関数の積は s 領域におけるラプラス変換後の関数の積に対応しな

い．つまり，一般に $L[f(t)g(t)] \neq L[f(t)]L[g(t)]$ が成立する．この問題に答えるのが，次の性質 2.4 である．

■**性質 2.4** たたみ込み積分のラプラス変換

$f(t)$，$g(t)$ を $t \geq 0$ で定義された関数とするとき，次の積分の式(2.19)で定義される関数を $f(t)$ と $g(t)$ のたたみ込み積分または合成積と呼び，$(f*g)(t)$ で表す．

$$(f*g)(t) = \int_0^t f(t-u)g(u)\,du \tag{2.19}$$

また，たたみ込み積分は交換可能，つまり $(f*g)(t) = (g*f)(t)$ を満たすことが容易に示される．さて，たたみ込み積分のラプラス変換は，次式を満たすことが示される．

$$L[(f*g)(t)] = L[f(t)]L[g(t)] \tag{2.20}$$

表 2.1 基本的な関数のラプラス変換とラプラス変換のおもな性質

$f(t)$	$L[f(t)](s)$	$f(t)$	$L[f(t)](s)$
単位段階関数 $u(t)$	$\dfrac{1}{s}$	$\dfrac{d^n f(t)}{dt^n}$	$s^n L[f(t)] - s^{n-1}f(0) - \cdots - sf^{(n-2)}(0) - f^{(n-1)}(0)$
e^{at}	$\dfrac{1}{s-a}$	$\int_0^t f(u)\,du$	$\dfrac{1}{s}L[f(t)]$
$\sin(\omega t)$	$\dfrac{\omega}{s^2+\omega^2}$	$e^{at}f(t)$	$L[f(t)](s-a)$
$\cos(\omega t)$	$\dfrac{s}{s^2+\omega^2}$	$\int_0^t f(t-u)g(u)\,du$	$L[f(t)]L[g(t)]$
インパルス関数 $\delta(t)$	1	$\lim_{t\to 0} f(t)$	$\lim_{s\to\infty} sL[f(t)]$
$t^n\,(n=0,1,\cdots)$	$\dfrac{n!}{s^{n+1}}$	$\lim_{t\to\infty} f(t)$	$\lim_{s\to 0} sL[f(t)]$
$af(t)+bg(t)$	$aL[f(t)]+bL[g(t)]$	$tf(t)$	$-\dfrac{d}{ds}L[f(t)]$
$\dfrac{df(t)}{dt}$	$sL[f(t)]-f(0)$	$\dfrac{1}{t}f(t)$	$\int_s^\infty L[f(t)](\tau)\,d\tau$
$\dfrac{d^2 f(t)}{dt^2}$	$s^2 L[f(t)] - sf(0) - f^{(1)}(0)$	$f(t-a)u(t-a)$	$e^{-as}L[f(t)]$

（注意） $\left.\dfrac{d^n f(t)}{dt^n}\right|_{t=0}$ を $f^{(n)}(0)$ で表す．

つまり，s 領域における積が t 領域におけるたたみ込み積分に対応している．

■**性質 2.5** 初期値定理と最終値定理

関数 $f(t)$ の $t\to 0$ および $t\to \infty$ における極限値は，ラプラス変換 $L[f(t)]$ を用いると，次のように求められる．

$$\lim_{t\to 0}f(t)=\lim_{s\to \infty}sL[f(t)](s), \quad \lim_{t\to \infty}f(t)=\lim_{s\to 0}sL[f(t)](s) \tag{2.21}$$

前者を初期値定理，後者を最終値定理と呼ぶ．

以上が基本的なラプラス変換の性質である．本文中に示していない性質も含めて，基本的な関数のラプラス変換とラプラス変換のおもな性質を表 2.1 にまとめる．

2.2 逆ラプラス変換

2.2.1 逆ラプラス変換

逆ラプラス変換とは，s 領域の関数 $F(s)$ に，$L[f(t)]=F(s)$ を満たす関数 $f(t)$ を対応させる変換であり，$f(t)$ を $L^{-1}[F(s)]$ で表す（図 2.3 参照）．逆ラプラス変換は複素積分で定義される．しかし，ここでは逆ラプラス変換法として部分分数展開法による方法のみを述べる．まず，与えられた関数 $F(s)$ を次の式 (2.22) の左辺括弧内の形の和に帰着するように部分分数に展開する．そして，ラプラス変換の線形性（性質 2.1）を用いることにより，$L^{-1}[F(s)]$ は求められる．

$$\left.\begin{aligned}L^{-1}\left[\frac{b\omega}{(s-a)^2+\omega^2}\right]&=be^{at}\sin(\omega t)\\ L^{-1}\left[\frac{b(s-a)}{(s-a)^2+\omega^2}\right]&=be^{at}\cos(\omega t)\\ L^{-1}\left[\frac{b}{(s-a)^n}\right]&=be^{at}\frac{t^{n-1}}{(n-1)!}\end{aligned}\right\} \tag{2.22}$$

ここで，a，b，ω は定数であり，n は正の整数である．式 (2.22) は，表 2.1 から得られる．

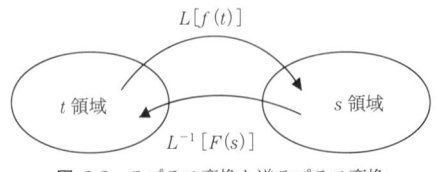

図 2.3　ラプラス変換と逆ラプラス変換

2.2 逆ラプラス変換

以下,例により逆ラプラス変換の計算方法を示す.

【例 2.5】 $F(s) = \dfrac{2}{(s+1)(s+3)}$ の逆ラプラス変換を求める.

$F(s)$ を未定定数 α, β を用いて,$F(s) = \dfrac{\alpha}{s+1} + \dfrac{\beta}{s+3}$ の形の部分分数に分解し,

$$F(s) = \frac{(\alpha+\beta)s + 3\alpha + \beta}{(s+1)(s+3)} = \frac{2}{(s+1)(s+3)}$$

を得る.このとき,s の次数に関する係数比較法により $\alpha=1$,$\beta=-1$ を得る.式(2.22)の第3式より,$F(s)$ の逆ラプラス変換は次のように求められる.

$$\begin{aligned}L^{-1}[F(s)] &= L^{-1}\left[\frac{1}{s+1} - \frac{1}{s+3}\right] = L^{-1}\left[\frac{1}{s+1}\right] - L^{-1}\left[\frac{1}{s+3}\right] \\ &= e^{-t} - e^{-3t}\end{aligned} \quad (2.23)$$

2.2.2 逆ラプラス変換の応用

ラプラス変換のところで述べたように,t 領域の微積分の演算は s 領域の代数演算に変換される.ラプラス変換はこの性質を利用して,おもに定数係数線形常微分方程式の解法に応用される.以下,応用例を示す.

【例 2.6】 次の常微分方程式の初期値問題を解く.

$$\frac{dy}{dt} + y = e^{2t}, \quad y(0) = a \quad (2.24)$$

t 領域の関係式(2.24)の両辺をラプラス変換し,s 領域の関係式

$$L\left[\frac{dy}{dt} + y\right] = sY(s) - a + Y(s) = L[e^{2t}] = \frac{1}{s-2} \quad (2.25)$$

を得る.ここで,$L[y(t)] = Y(s)$ である.式(2.25)より,$Y(s)$ について解くと $Y(s) = \left(\dfrac{1}{s-2} + a\right)\dfrac{1}{s+1}$ を得る.t 領域の関数 $y(t)$ は逆ラプラス変換により,

$$\begin{aligned}y(t) &= L^{-1}[Y(s)] = L^{-1}\left[\frac{1}{(s-2)(s+1)} + \frac{a}{s+1}\right] \\ &= L^{-1}\left[\frac{1/3}{s-2} + \frac{-1/3}{s+1} + \frac{a}{s+1}\right] = \frac{1}{3}e^{2t} + \left(a - \frac{1}{3}\right)e^{-t}\end{aligned} \quad (2.26)$$

と求められる.

2.3 フーリエ級数とフーリエ変換

本節では，周波数解析に用いられるフーリエ変換について，その特徴とラプラス変換との違いについて簡単に述べる．本節で考える関数は，$-\infty < t < \infty$ で定義された関数とする．定数 P と任意の t に対して

$$f(t) = f(t+P) \tag{2.27}$$

が成立するとき，関数 $f(t)$ は周期関数であるという．式 (2.27) を満たす最小の正の数 P を周期関数 $f(t)$ の周期と呼ぶ．三角関数は周期関数の代表的な例である．任意の周期関数は，三角関数の無限和で表されることが知られている．この無限級数をフーリエ級数と呼ぶ．周期 P の周期関数 $f(t)$ が与えられたとき，フーリエ級数は，

$$f(t) = \frac{a_0}{2} + \sum_{n=1}^{\infty} a_n \cos\left(\frac{2\pi n t}{P}\right) + b_n \sin\left(\frac{2\pi n t}{P}\right) \tag{2.28}$$

で与えられる．係数 $a_0, a_1, a_2, \cdots, b_1, b_2, \cdots$ はフーリエ係数と呼ばれ，関数 $f(t)$ を周波数領域で表したものとなる．つまり，a_n は式 (2.28) より周期関数 $f(t)$ を信号とみなすとき，信号 $f(t)$ に含まれる $\cos\left(\frac{2\pi n t}{P}\right)$ という信号の振幅を表している．フーリエ係数 $a_0, a_1, a_2, \cdots, b_1, b_2, \cdots$ は，周期関数 $f(t)$ から次式 (2.29) により求められる．

$$\left.\begin{array}{l} a_n = \dfrac{2}{P} \displaystyle\int_0^P f(t) \cos\left(\dfrac{2\pi n t}{P}\right) dt \quad (n = 0, 1, 2, \cdots) \\ b_n = \dfrac{2}{P} \displaystyle\int_0^P f(t) \sin\left(\dfrac{2\pi n t}{P}\right) dt \quad (n = 1, 2, 3, \cdots) \end{array}\right\} \tag{2.29}$$

【例 2.7】 片振幅 β，周期 P の方形波を表す

$$f(t) = \begin{cases} \beta & 0 \leq t < P/2 \\ -\beta & P/2 \leq t < P \end{cases} \tag{2.30}$$

の周期関数 $f(t)$ のフーリエ級数を求める．

フーリエ係数は式 (2.29) より

$$a_n = 0 \quad (n=0,1,2,\cdots), \qquad b_n = \begin{cases} 0 & (n=2,4,6,\cdots) \\ (4\beta)/(n\pi) & (n=1,3,5,\cdots) \end{cases} \tag{2.31}$$

と求められる．したがって，フーリエ級数は次式 (2.32) のようになる．

$$f(t) = \frac{4\beta}{\pi} \sum_{n=1,3,5,\cdots}^{\infty} \frac{1}{n} \sin\left(\frac{2\pi n t}{P}\right) \tag{2.32}$$

2.3 フーリエ級数とフーリエ変換

以上は周期関数の周波数領域への変換であるが，非周期関数に対しては，周期無限大の周期関数とみなして，角周波数 ω（周波数 $\omega/2\pi$）領域への変換が行われる．この変換をフーリエ変換と呼び，次の式(2.33)で定義される．

$$F(\omega) = \frac{1}{\sqrt{2\pi}} \int_{-\infty}^{\infty} f(t) e^{-j\omega t} dt \tag{2.33}$$

また，$F(\omega)$ からもとの関数 $f(t)$ は次式(2.34)のフーリエ逆変換

$$f(t) = \frac{1}{\sqrt{2\pi}} \int_{-\infty}^{\infty} F(\omega) e^{j\omega t} d\omega \tag{2.34}$$

で求められる．式(2.33)は式(2.29)に，式(2.34)は式(2.28)に対応している．

【例2.8】 式(2.35)で与えられる幅 p，高さ β の1個のパルスを表す関数 $f(t)$ のフーリエ変換を求める．

$$f(t) = \begin{cases} \beta & t \leq |p/2| \\ 0 & t > |p/2| \end{cases} \tag{2.35}$$

式(2.33)より積分の結果は，次式(2.36)のように求められる．

$$F(\omega) = \frac{1}{\sqrt{2\pi}} \int_{-p/2}^{p/2} \beta e^{-j\omega t} dt = \frac{2\beta}{\sqrt{2\pi}\,\omega} \sin\left(\frac{\omega p}{2}\right) \tag{2.36}$$

最後に，フーリエ変換とラプラス変換の関係について注意する．フーリエ変換式(2.33)が存在するためには，関数 $f(t)$ は次の絶対可積分の条件式(2.37)を満

> **コラム**　**ラプラス変換でつまずかないために**
>
> 「制御工学の勉強は，数学を勉強しているようで工学を勉強しているような気がしません．」とは，よく学生がいう講義の後の感想です．他の工学諸分野の講義内容に比べて，数学的表現が多いのは確かです．なぜなら，制御理論は数学に立脚しており，他の工学分野は物理学，化学に立脚しているからです．しかし，制御工学は工学という以上，物理，化学とも強い結びつきがあります．したがって，数学でつまずいてもらっては困るのです．制御工学を学習するとき，初学者がラプラス変換でつまずかないようにするには，
> 1) ラプラス変換の定義の広義積分の収束については，収束するときのみを考えるとして気にしない．
> 2) 微分があれば s を掛け，積分があれば s で割ればよい．
>
> と心の中で割り切ることをお勧めします．

たさなければならない．

$$\int_{-\infty}^{\infty} |f(t)| dt < \infty \tag{2.37}$$

例えば，$\sin(t)$ は条件式(2.37)を満たさないが，$\sigma > 0$ として $e^{-\sigma t}$ を $\sin(t)$ に掛けて，積分区間を $t \geq 0$ に制限することにより，$\int_{0}^{\infty} |\sin(t) e^{-\sigma t}| dt < \infty$ となる．したがって，このようにフーリエ変換できない関数 $f(t)$ も，指数部に $-\sigma t (\sigma > 0)$ を持つ指数関数 $e^{-(\sigma + j\omega)t}$ を掛けることにより，ラプラス変換が可能となる．

演 習 問 題

2.1 次の関数のラプラス変換を求めよ．
  (1) $f(t) = t^3 + 2t + 3$ (2) $f(t) = e^{2t} t + \sin(t)$ (3) $f(t) = 2\cos(2t+1)$

2.2 次の関数の逆ラプラス変換を求めよ．
  (1) $F(s) = \dfrac{1}{(s+4)(s+6)}$ (2) $F(s) = \dfrac{s}{(s+1)^2(s+2)}$ (3) $F(s) = \dfrac{s+1}{s(s^2+2s+2)}$

2.3 ラプラス変換を用いて，次の微分方程式を解け．
  (1) $\dfrac{dy}{dt} + 4y = e^{-t}$, $y(0) = 1$ (2) $\dfrac{d^2 y}{dt^2} - 4\dfrac{dy}{dt} + 3y = \sin(2t)$, $y(0) = 2$, $y'(0) = 0$

2.4 次の周期 2π の周期関数 $f(t)$ のフーリエ級数を求めよ．

$$f(t) = \frac{1}{2\pi} t \quad (0 \leq t < 2\pi)$$

参 考 文 献

1) 池田峰夫：応用数学の基礎，廣川書店(1984)
2) 布川 昊：ラプラス変換と常微分方程式，昭晃堂(1987)
3) 田代嘉宏：応用数学要論シリーズ1 ラプラス変換とフーリエ解析要論，森北出版(1989)
4) 坂和正敏：応用解析学の基礎，森北出版(1988)

第3章 シーケンス制御

モーションコントロールなどのサーボ制御やプロセス制御は，制御出力を目標値に一致させるようにフィードバックを用いて制御を行うもので，制御量は連続量であり，定量的制御と呼ばれる．一方，シーケンス制御は，各種作業を自動的に開始，終了させるという工程動作を「順序」と「条件」で制御を行うもので，制御量は不連続量であり，定性的制御と呼ばれる．近年，シーケンス制御は，デジタル技術の進歩によって，PLC(programmable logic controller：PC とも呼ぶ)の普及とともにその利用が多様化され，汎用のコンピュータで制御プログラムを作成し，PLC とネットワークを介して通信することで制御を行うことができるようになっている．また，ペトリネットなどに代表される離散事象システムのモデルにより，シーケンス制御系のモデリングと解析，理論的な設計が行われている．本章では，各種産業設備・機器で用いられているシーケンス制御系について，対象となるシステムとその基本的な構成および構成機器，シーケンス制御系の動作とその動作を表す論理回路，論理代数，さらに PLC によるシーケンス制御系の構成方法について説明する．

3.1 シーケンス制御系の制御対象

シーケンス制御系の制御対象において，システムを構成しているおのおのの構成要素は互いに独立し，固有の状態を持つものととらえると，構成要素の状態遷移は，入力信号という事象により生起されるので，事象駆動型である．このように，制御対象の状態遷移が事象駆動型でかつ並列，非同期で進行することがシーケンス制御系の大きな特徴である．

シーケンス制御(sequential control)は，「あらかじめ定められた順序または手続きに従って制御の各段階を逐次進めていく制御」と JIS で定義されている

(JIS Z 8116)．

　シーケンス制御系の身近な例として，図 3.1 に示す信号機をあげる．図(a)において，制御対象は自動車用と歩行者用信号である．また，図(b)は，信号表示の時間的な推移（タイムチャート）を示している．両図において，自動車用信号の青→黄→赤→青，歩行者用信号の赤→青→青点滅→赤の作動はあらかじめ定められた「順序」に従って作動し，制御回路の変更がない限り，この順序が変わることはない．人間が歩行者用信号の押しボタンスイッチを押すという「命令（条件）」によって，自動車用信号が青→黄→赤に変わり，歩行者用信号が青となり，「定められた時間（条件）」の後，再び赤になる．このようにシーケンス制御は，「順序」と「条件」によって制御を行うものである．

　このほかに，電気洗濯機，自動販売機やエレベータなどもシーケンス制御の代

(a) 交差点の信号

(b) 信号の時間的推移（タイムチャート）

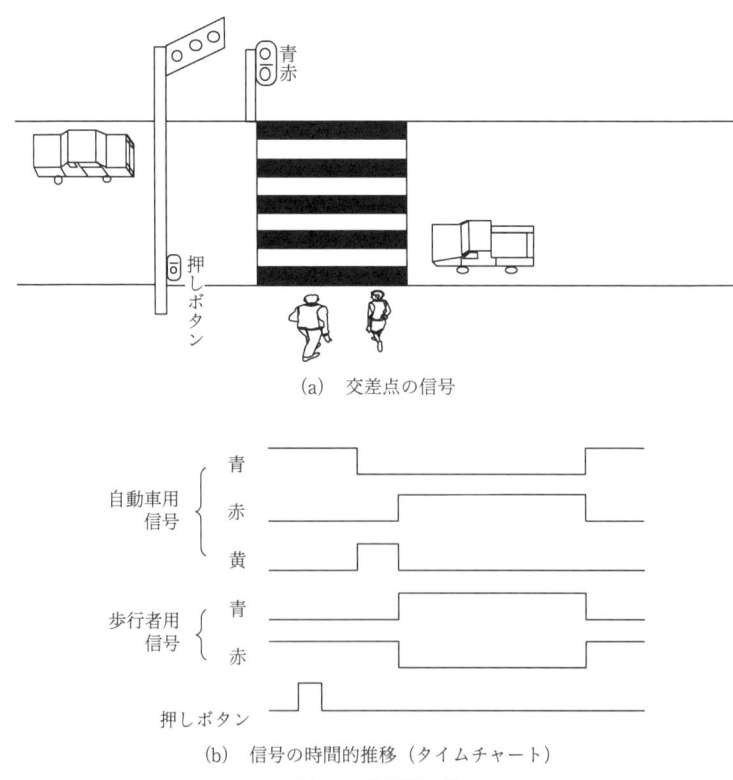

図 3.1　信号機の例

表的な機器・設備である．

3.2 シーケンス制御系の構成

シーケンス制御の方式としては，電磁リレーなどによる有接点方式，半導体を利用した無接点方式，専用の PLC を用いた方式に分けられる．本節では，有接点および無接点のリレーシーケンスおよび PLC について説明し，シーケンス制御系の構成について述べる．

3.2.1 リレーシーケンス制御

リレーシーケンス制御は，人間の代わりにリレーやタイマなどを用いて，制御対象の各機器に自動的に操作を与えて制御を行う．リレー(relay)は，電気回路における継電器を意味し，リレーによって制御を行うことからリレーシーケンス制御と呼ばれる．図 3.2 に誘導電動機の正転・逆転運転シーケンス制御回路(シ

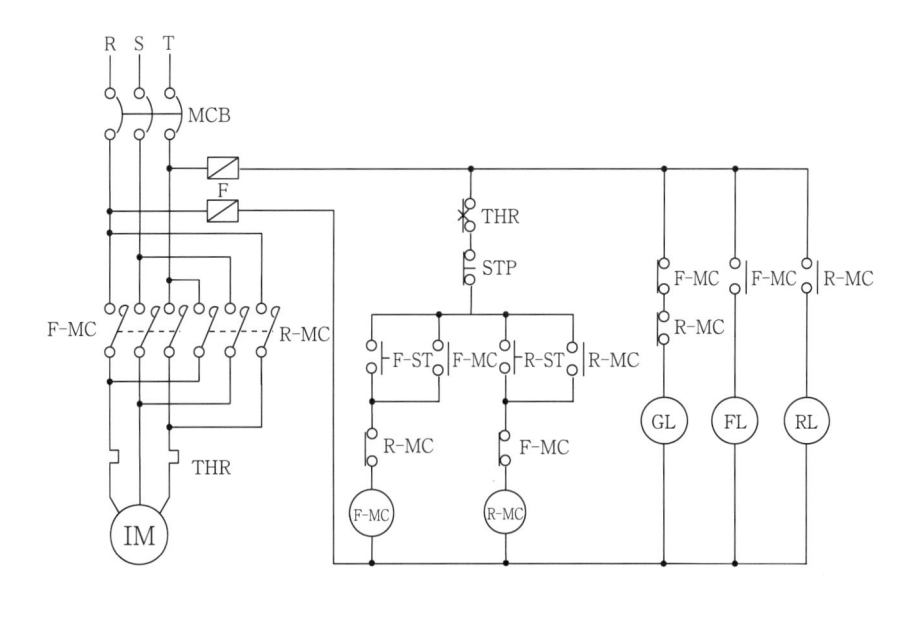

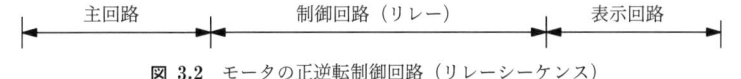

図 3.2 モータの正逆転制御回路（リレーシーケンス）

ーケンス図：sequence diagram)を示す．図は，モータを直接作動するための電力を供給する主回路とモータの正逆転を決める制御(操作)回路，そして運転状態を表す表示回路に区別することができる．それぞれ以下の機器とその役割がある．

1) IM(induction motor，誘導電動機)：制御対象
2) MCB(molded-case circuit breaker，配線用遮断器)：電源から主回路，制御回路に電源を給電
3) THR(thermal relay，熱動過電流継電器)：過電流からモータを保護
4) F-ST，R-ST：正転，逆転用スタート用押しボタン(a接点)
5) F-MC，R-MC：正転，逆転用電磁接触器(electro magnetic contactor：電磁接触器)
6) GL，FL，RL：運転停止，正転，逆転運転の運転状態の表示ランプ

これらの機器を用いた，図3.2のモータの正転・逆転運転シーケンス制御の動作概略は次のとおりである．

［動作ステップ］
1) F-STを押すことでF-MCは励磁され，F-MCリレーが作動
2) 主回路F-MCリレーがONになり，モータが正転運転
3) 正転中，R-STを押しても制御回路のb接点F-MCリレーが作動しているため，R-MCは励磁されない(禁止回路またはインターロック回路)
4) 表示回路FL点灯
5) STPを押すとモータは停止，GL点灯
6) R-STを押すと正転同様にモータの逆転運転
7) モータが過負荷運転などで主回路に過電流が流れるとTHRが作動し，制御回路b接点THRが開きモータは停止

ここで，a接点(make contact，メイク接点)は，自然状態で外部から作用を与えないで開いており，作用を加えることで回路が閉じる．逆に，b接点(break contact，ブレーク接点)は外部から作用を与えない状態で閉じており，作用を与えることで回路が開く．リレーシーケンス制御では，a接点，b接点を用いることで制御動作をON，OFFさせることができる．

なお，シーケンス制御回路に関する接点や機器などの記号については，紙面の都合上掲載しないので，JIS規格で勉強されたい．

以上のように，制御回路に押しボタンスイッチや電磁接触器などの機械的に動く接点(有接点スイッチ)で制御回路を構成して，制御を行う場合を有接点リレーまたは有接点シーケンス制御と呼ぶ．一方，有接点スイッチの代わりに半導体素子などの無接点のスイッチ素子を用いて制御回路を構成し，制御を行う場合を無接点リレーまたは無接点シーケンス制御と呼んでいる．

3.2.2　シーケンス制御用機器

図 3.3 にシーケンス制御系の構成機器を示す．構成機器は，制御用機器，操作用機器，表示用機器，駆動用機器，検出・保護用機器がある．

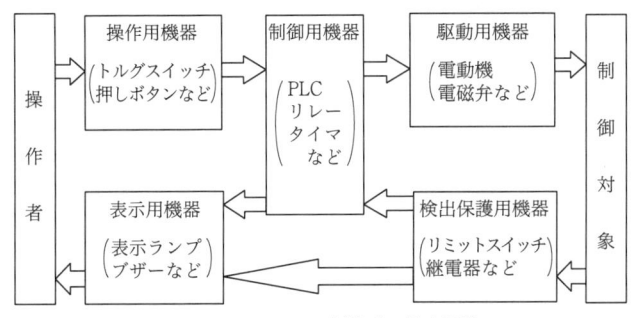

図 3.3　シーケンス制御系の構成機器

（1）制御用機器

リレー，タイマリレー，カウンタとそれに代わる PLC (programmable logic controller) などがある．

（2）操作用(制御司令用)機器

操作者が制御システムに対して，操作を与える機器で，押しボタンスイッチやスナップスイッチ，ロータリスイッチなどがある．

（3）表示用機器

制御システムの機器の状態を表示したり，異常の状態になった際に，警報を出したりする機器で，表示ランプ，ブザーなどがある．

（4）駆動用機器

電動機，電磁弁，電磁接触器，ソレノイドなどがある．

（5）検出・保護用機器

検出用機器は，リミットスイッチ，光電スイッチ，近接スイッチ，保護用機器

は，熱過電流継電器，ヒューズ，配線用遮断機などがある．

3.2.3 プログラマブルコントローラ（PC）

PLCは，PCあるいはシーケンサとも呼ばれ（以下，PCと呼ぶ），JISにおいて，「論理演算，順序操作，限時，計数及び算術演算などの制御動作を行わせるための，制御手順を一連の命令語の形で記憶するメモリをもち，このメモリの内容に従って諸種の機械やプロセスの制御をディジタル又はアナログの入力を介して，ディジタル方式で制御する工業用電子装置」であると定義されている（JIS B 3500）．

有接点，無接点リレーシーケンスにおいて制御内容を変更する場合には，配線の変更，電磁リレーやタイマなどの制御機器の変更や追加をして制御回路自身を変更する必要があり，制御系の設計変更には柔軟に対応できない問題がある．一方，PCは制御内容をプログラムの変更だけで容易に変えることが可能であり，制御システムの設計変更に柔軟に対応できることから，近年その利用が一般的となっている．また，PCはリレー回路に機械的な接点や半導体素子を使用しないので，信頼性が高く，メンテナンスが簡単であるなどの特徴がある．PCを用い

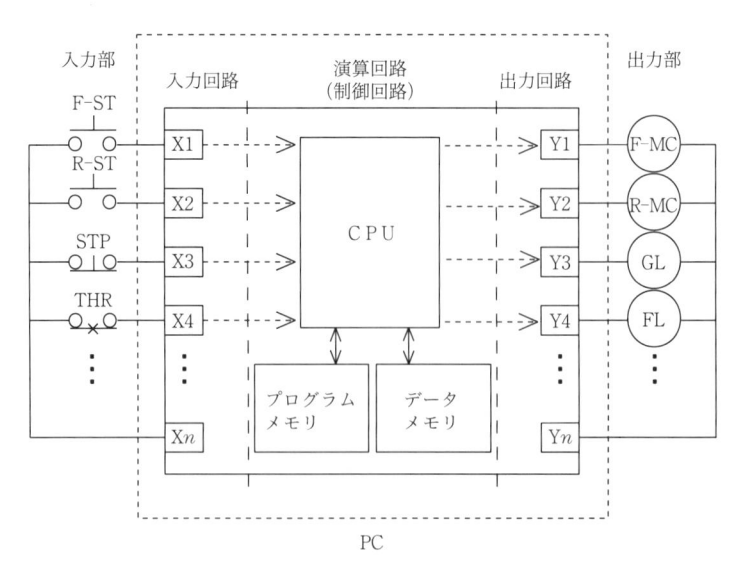

図 3.4 PCを用いた制御構成（図3.2のモータ正逆転制御参照）

表 3.1 有，無接点，PC によるシーケンス制御の得失

	長　　所	短　　所
有接点シーケンス	・過負荷耐量が大きい ・電気的ノイズに安定 ・温度特性が良好 ・開閉負荷容量が大きい ・動作状態の確認が容易	・動作速度が遅い ・消費電力が比較的大きい ・小型化に限界がある ・機械的振動，衝撃などに比較的弱い
無接点シーケンス	・動作速度が速い ・小電力で大電力を制御できる ・小型軽量化が可能 ・高頻度の使用に耐え寿命が長い （振動，衝撃に対する不良作動のおそれが少ない）	・過負荷耐量が小さい ・電気ノイズに弱い ・温度変化に弱い ・別に電源を必要とする ・負荷を直接制御できない
PC	・設計製作が容易 ・設計変更が容易 　（ハードウェアの汎用性） ・信頼性が高く，寿命が長い	・電気ノイズに弱い ・小さなシステムには向かない 　（初期コストが高い）

たシーケンス制御系の構成を図3.4に示す．

図に示すように，PC を用いることで複雑な制御用リレー回路を構成する必要はなくなり，PC と制御用機器，操作用機器，表示用機器，駆動用機器や検出・保護用機器を接続，組み合わせることでシーケンス制御系を構成することができる．PC を含めた有接点リレーと無接点リレーの得失について表3.1にまとめた．

3.3　シーケンス制御系の動作

本節では，シーケンス制御系の動作を構成する論理回路とその構成方法について述べ，シーケンス制御系の設計方法について説明する．

3.3.1　論　理　回　路

シーケンス制御系の動作は，AND(論理積)，OR(論理和)，NOT(論理否定)の三つの基本要素とその基本要素の組み合せで構成され，正論理入力(a 接点を ON)，負論理入力(b 接点を ON)を加えることで制御を進める．論理回路は，以下に示す接点 A，B とランプ，またはモータ X からなる電気回路で説明できる．また，図中の表は電気回路の接点とモータの作動の ON を 1，OFF を 0 で表し

た真理値表である．真理値表は，このように回路の作動のONとOFFの関係を示したものといえる．

（1） AND 回 路

AND回路は，接点AとBがともにON，真理値表で1になったときに回路が閉じる，すなわち，モータXが回転する．

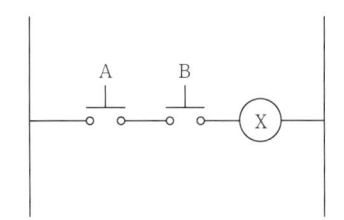

A	B	X
0	0	0
0	1	0
1	0	0
1	1	1

（2） OR 回 路

同様に考察すると，OR回路は接点AとBのどちらか一方がONになったときに回路が閉じる．

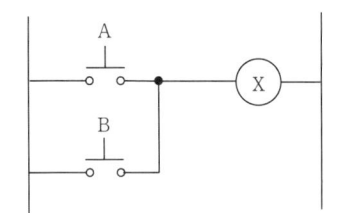

A	B	X
0	0	0
0	1	1
1	0	1
1	1	1

（3） NOT 回 路

NOT回路は，接点AがOFFになると回路が閉じる．

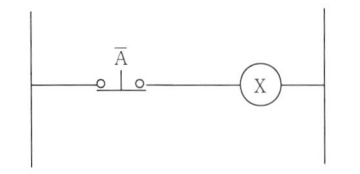

A	X
0	1
1	0

また，これらの要素を組み合わせて次の回路を構成できる．回路のON，OFFは真理値表に示すとおりである．

3.3 シーケンス制御系の動作

(4) NAND 回路

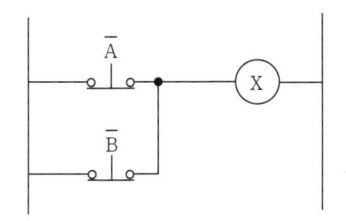

A	B	X
0	0	1
0	1	1
1	0	1
1	1	0

(5) NOR 回路

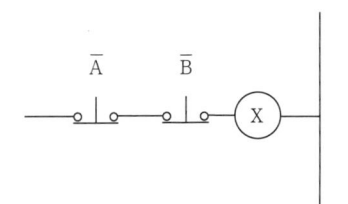

A	B	X
0	0	1
0	1	0
1	0	0
1	1	0

(6) 排他 OR (EXCLUSIVE OR) 回路

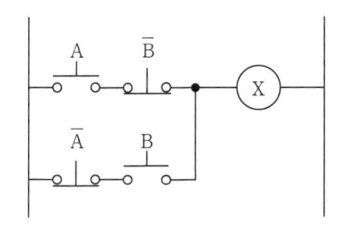

A	B	X
0	0	0
0	1	1
1	0	1
1	1	0

(7) 一致回路

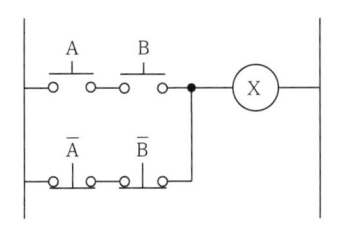

A	B	X
0	0	1
0	1	0
1	0	0
1	1	1

(8) 禁 止 回 路

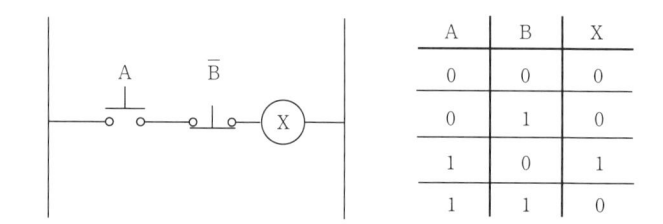

A	B	X
0	0	0
0	1	0
1	0	1
1	1	0

(9) 自己保持回路(記憶回路)

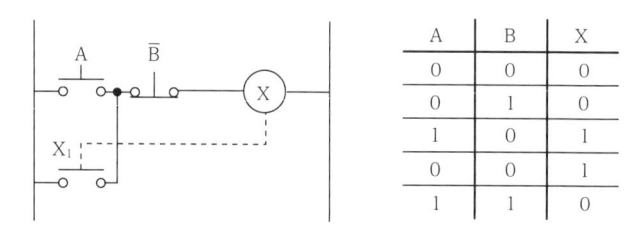

A	B	X
0	0	0
0	1	0
1	0	1
0	0	1
1	1	0

　自己保持回路は，接点 A の作動で電磁接触器コイル X が励磁され，接点 X_1 が作動し，接点 A を OFF した後も接点 B を ON にする（回路を開く）まで回路を保持し続け，次の操作までの回路の保持や一時的な記憶回路として用いられる．

3.3.2 時間の処理と競合の処理

　ある状態が次の操作まで保持される場合や一時記憶される場合は，自己保持回路やフリップフロップ回路などで構成できる．しかし，一定時間経過した後に動作したり，解除されたりする場合や二つ以上の動作が互いに関連し，動作の許可や競合する場合の構成をどのように表現するかが必要であり，その構成を以下に説明する．

（1） 時 間 の 処 理

　動作の遅延処理として，限時動作瞬時復帰形（オンディレイタイマ：on delay timer），瞬時動作限時復帰形（オフディレイタイマ：off delay timer）と限時動作限時復帰形（オン・オフディレイタイマ：on・off delay timer）がある．それぞれの動作のタイムチャートを図 3.5 に示す．オンディレイタイマは，入力が加えられた後，一定時間後リレーが動作して ON となり，入力の OFF と同時に瞬時に OFF となる．オフディレイタイマは，入力が加えられた後，瞬時にリレーが動

3.4 論理代数　　　　　　　　　　　　　35

	入力
遅延動作	
オンディレイタイマ	T
オフディレイタイマ	T
オン・オフディレイタイマ	T_1　T_2

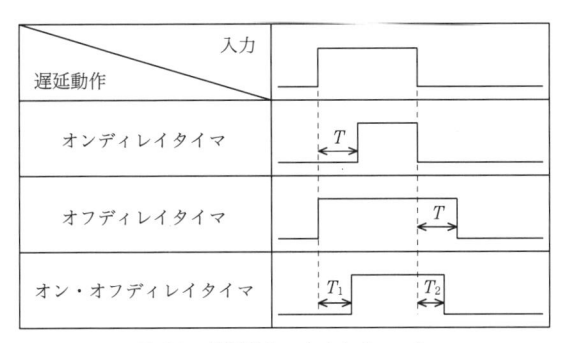

図 3.5　遅延動作のタイムチャート

作し ON となり，入力が OFF となった一定時間後，OFF となる．オン・オフディレイタイマは，動作が入力の ON，OFF ともに一定時間遅れて動作する．

（2）競合の処理（インタロック）

　ある動作や状態が完了するまで，別の動作や状態に入らないように機器の操作・運転を許可，禁止する制約条件をインタロックという．例として，図 3.2 に示したモータの正逆転回路で説明する．モータの正転運転中，接点 R-ST を ON しても正転の電磁接触器 F-MC の b 接点が作動しているのでモータは逆転できない．このようにインタロックは，システムの安全や機器間の競合をどのように処理・実行するかを決定する．始動，運転状態の条件を決定する始動インタロックや運転時インタロック，機器間動作の運転間隔を決定する限時インタロック，複数の機器の運転状態の制限や動作の順序を決定する相互排除インタロック，順序インタロックや工程インタロックなどがある．

3.4　論理代数

　シーケンス制御系の動作が AND（論理積），OR（論理和），NOT（論理否定）の三つの論理で構成されることについて述べたが，シーケンス制御で用いられる信号は，ON（回路がつながっている）または OFF（切れている）かの二つの信号（2値信号，binary code）を用いて制御を行う．無接点リレーの場合においても，信号 H を 1，L を 0 と考えて制御を行う．

　このような 2 値の切替え制御では，0 と 1 の変数を使った代数，ブール代数（boolean algebra）で理論的な解析が可能となる．シーケンス制御系において，

簡単な回路では動作内容もやさしく，扱う人間にとっても誤りが少ないが，大きなシステムの制御では回路が複雑になり，それぞれの論理回路が重なり難解となる．また，場合によっては結果的に同じになる簡単な論理回路を複雑に構成したりすることもある．

これらのことから，ブール代数によって論理回路を誤りなく合理的に構成することが望まれる．ブール代数の公理と定理を次に解説する．

3.4.1 ブール代数の公理

公理 3.1　$X \neq 0$　ならば　$X = 1$ 　　　　　　　　　　　　　　　(3.1)
　　　　　$X \neq 1$　ならば　$X = 0$
公理 3.2　$0 \cdot 0 = 0$　（・記号は AND） 　　　　　　　　　　　　 (3.2)
　　　　　$1 + 1 = 1$　（＋記号は OR）
公理 3.3　$1 \cdot 1 = 1$ 　　　　　　　　　　　　　　　　　　　　　(3.3)
　　　　　$0 + 0 = 0$
公理 3.4　$1 \cdot 0 = 0 \cdot 1 = 0$ 　　　　　　　　　　　　　　　　(3.4)
　　　　　$1 + 1 = 1 + 0 = 1$
公理 3.5　$\overline{0} = 1$　　　"$\overline{}$" は否定 　　　　　　　　　　　(3.5)
　　　　　$\overline{1} = 0$

3.4.2 ブール代数の定理

定理 3.1　0 を含む演算
　　　　　$X \cdot 0 = 0$ 　　　　　　　　　　　　　　　　　　　　　(3.6)
　　　　　$X + 0 = X$
定理 3.2　1 を含む演算
　　　　　$X \cdot 1 = X$ 　　　　　　　　　　　　　　　　　　　　　(3.7)
　　　　　$X + 1 = 1$
定理 3.3　べき等則
　　　　　$X \cdot X = X$ 　　　　　　　　　　　　　　　　　　　　　(3.8)
　　　　　$X + X = X$
定理 3.4　対合則
　　　　　$\overline{\overline{X}} = X$ 　　　　　　　　　　　　　　　　　　　　　　(3.9)

表 3.2 論理式，論理回路とラダー図

論理	論理式	論理回路	ラダー図
(1) AND	$X = A \cdot B$		
(2) OR	$X = A + B$		
(3) NOT	$X = \overline{A}$		
(4) NAND	$X = \overline{A \cdot B}$ $X = \overline{A} + \overline{B}$		
(5) NOR	$X = \overline{A + B}$ $X = \overline{A} \cdot \overline{B}$		
(6) 排他 OR	$X = A \cdot \overline{B}$ $+ \overline{A} \cdot B$		
(7) 一致	$X = A \cdot B$ $+ \overline{A} \cdot \overline{B}$		
(8) 禁止	$X = A \cdot \overline{B}$		
(9) 自己保持回路	$X = (A + X_1) \cdot \overline{B}$		

定理 3.5　補元則

$$X \cdot \overline{X} = 0 \tag{3.10}$$

$$X + \overline{X} = 1$$

定理 3.6　交換則

$$X + Y = Y + X \tag{3.11}$$

$$X \cdot Y = Y \cdot X$$

定理 3.7　結合則

$$(X+Y)+Z = X+(Y+Z) \tag{3.12}$$

$$(X \cdot Y) \cdot Z = X \cdot (Y \cdot Z)$$

定理 3.8　吸収則

$$X + (X \cdot Y) = X \tag{3.13}$$

$$X \cdot (X+Y) = X$$

定理 3.9　分配則

$$X + (Y \cdot Z) = (X+Y)(X+Z) \tag{3.14}$$

$$X \cdot (Y+Z) = X \cdot Y + X \cdot Z$$

定理 3.10　ド・モルガン (De Morgan) の定理

$$\overline{(X+Y+Z)} = \overline{X} \cdot \overline{Y} \cdot \overline{Z} \tag{3.15}$$

$$\overline{(X \cdot Y \cdot Z)} = \overline{X} + \overline{Y} + \overline{Z}$$

上記の式に「0」,「1」を代入することにより，上の関係が成立することがわかる．定理3.10のド・モルガンの定理は，論理和の否定は否定の論理積に等しく，論理積の否定は否定の論理和に等しいということである．NAND回路やNOR回路に適用され，論理回路の簡略化に役立っている．3.3.1項の電気回路に対する論理式，論理回路とPCで用いられるラダー図を表3.2にまとめる．ラダー(梯子)図は，回路図を表に示すように，ラダーシンボルに置き換えて図式化するものである．回路から直接ラダーシンボルに変換するだけなので，シーケンス制御の流れの理解が容易にできる利点を持っている．

3.4.3　真理値表から論理代数の導出

表3.3に示す真理値表の関係を論理代数として導くことを考える．出力Fが1の場合に着目すると，Fが1になるのは，$X=0$, $Y=0$, $Z=1$のとき，$X=0$, $Y=1$, $Z=1$のとき，$X=1$, $Y=0$, $Z=1$のときと$X=1$, $Y=1$, $Z=1$のときで

3.4 論理代数

表 3.3 与えられた入力，出力の真理値表

入力			出力
X	Y	Z	F
0	0	0	0
0	0	1	1
0	1	0	0
0	1	1	1
1	0	0	0
1	0	1	1
1	1	0	0
1	1	1	1

ある．したがって，求める論理代数は

$$F = \overline{X} \cdot \overline{Y} \cdot Z + \overline{X} \cdot Y \cdot Z + X \cdot \overline{Y} \cdot Z + X \cdot Y \cdot Z \tag{3.16}$$

となる．

3.4.4 カルノー図による論理代数の簡略化

論理代数に対応する論理回路を設計することで，与えられた仕様（真理値表）を満たすシーケンス制御系の回路が構成できる．したがって，論理代数はできる限り簡単なほうが構成する回路も簡単になる．ブール代数の定理を用いて，回路を簡単化できることは自明であるが，ここでは与えられた論理代数を簡略化する有力な方法としてカルノー図について述べる．

カルノー(G. Karnaugh)は，図 3.6 に示すように論理代数の変数を行と列で分割し，各組合せを1と0で表すことを示した．

次式(3.17)の論理代数をカルノー図で簡略する方法について説明する．

$$F = X \cdot Y \cdot Z + \overline{X} \cdot Y \cdot Z + X \cdot \overline{Y} \cdot Z + X \cdot Y \cdot \overline{Z} \tag{3.17}$$

	X	
	0	1
Y 0	0 0 ($\overline{X}$ $\overline{Y}$)	1 0 (X $\overline{Y}$)
Y 1	0 1 ($\overline{X}$ Y)	1 1 (X Y)

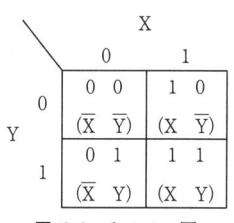

図 3.6 カルノー図

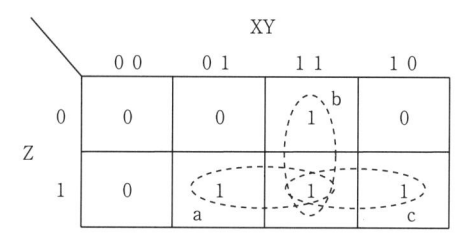

	XY			
	0 0	0 1	1 1	1 0
Z 0	0	0	1 b	0
Z 1	0	1 a	1	1 c

図 3.7 式(3.17)のカルノー図

式(3.17)のカルノー図は図3.7で表すことができる．

ここで，カルノー図の1になっている箇所に着目する．図3.7において，1になっている箇所は四つあり，これをa, b, cのように隣り合う箇所にまとめる．

aは，$\overline{X}\cdot Y\cdot Z + X\cdot Y\cdot Z$であり，これは，ブール代数の定理より，

$$\overline{X}\cdot Y\cdot Z + X\cdot Y\cdot Z = (\overline{X}+X)Y\cdot Z = Y\cdot Z$$

と簡略化できる．同様に，bは，$X\cdot Y\cdot \overline{Z} + X\cdot Y\cdot Z$でありX·Yとなる．cは，$X\cdot Y\cdot Z + X\cdot \overline{Y}\cdot Z$であり，X·Zと簡略化される．以上のことから，式(3.17)は

$$F = X\cdot Y + Y\cdot Z + X\cdot Z \tag{3.18}$$

と簡略化できる．

3.5 PC の 活 用

本節では，PCのプログラミングと実際の活用について述べる．

3.5.1 プログラミングの方法

PCのプログラミング方法は，

1) ラダー図方式
2) 命令語(ニーモニック)方式
3) 論理方式
4) フローチャート方式
5) タイムチャート方式
6) SFC(sequential function chart)方式

があり，一般的な方式は，1)と2)の方式である．1)のラダー方式は，現在最も多く使用される方式で，ラダー図はPCが演算を実行できる命令に変化され，PCのプログラムメモリに記憶される．この変換をコーディング(coding)と呼んでいる．2)の命令語方式は，ANDやORなどの命令語を使用してプログラミングを行うものである．作成する論理および論理回路を十分理解する必要があり，プログラミングに経験が必要である．

また，6)のSFC方式は，フランス国内およびヨーロッパで実績のあるプログラミング言語GRAFCETをもとにIEC(国際電気標準会議，International Electrotechnical Commission)において規格化を図った方式である．シーケンスの仕様記述がわかりやすく，順序制御に適した方式であり，今後の普及に期待さ

れている．基本的な論理回路のラダー図を表3.2にまとめてあるので参考にされたい．

3.5.2 PCの演算命令と演算

実用されているPCのシーケンス演算命令と機能を表3.4に，またデバイス

表3.4 PCによるシーケンス演存命令の例

番号	命令語例 (呼び方)	図面表示	機　能
1	LD (ロード)		論理演算開始 a接点より演算を開始する
2	LDI (ロードインバース)		論理演算開始 b接点より演算を開始する
3	AND (アンド)		論理積 a接点を直列に接続する
4	OR (オア)		論理和 a接点を並列に接続する
5	ANDI (アンドインバース)		論理積否定 b接点を直列に接続する
6	ORI (オアインバース)		論理和否定 b接点を並列に接続する
7	OUT (アウト)		出力 論理演算の結果を出力する
8	END (エンド)		プログラムの終了

表 3.5 デバイス(演算対象)

記号	名称
I	外部入力
Q	外部出力
M	内部リレー
T	タイマ
K	定数

演算順序	命令	デバイス	入出力素子(記号)	
0	LD	I	1(A)	a接点の素子1(A)が入力される
1	OR	M	2(X)	a接点の素子2(X)が並列に入力される
2	ANDI	I	3(B)	b接点の素子3(B)が直列に入力される
3	OUT	Q	4(X)	素子4(X)に出力される
4				
⋮	⋮	⋮	⋮	
n	END			

←スキャンタイム

図 3.8 PCによるプログラム例(表3.2の自己保持回路)

(演算対象)を表3.5に示す．演算命令は，メーカや機種によって異なるが基本的な機能に違いはない．

図3.8に，PCによるプログラム例として表3.2の自己保持回路を示す．プログラムは，演算の番号順にプログラムメモリに格納され，演算も番号順で行われる．演算は，命令番号0から始まり，命令の順に実行され，END命令で再び番号0に戻る．このような演算を，スキャニング演算または繰り返し演算と呼ぶ．命令番号0からEND命令までプログラムが1周する時間をスキャンタイムと呼び，一つのプログラムの演算速度を表す．

論理回路では，構成した回路が並列で構成された場合，その処理も並列で行われるが，PCのプログラムでは，図3.8に示すように並列処理が模擬的に順序制御される．厳密にはリレーシーケンスとPCの行う並列処理の違いであるが，PCの演算速度から問題はないとされる．

3.6 これからのシーケンス制御

シーケンス制御では，現在PCが主流となっている．今後，PC単体の低価格化や汎用のパーソナルコンピュータと同様な能力を有していくと，位置決めや制

コラム　ペトリネットって何なの？

ペトリネットとは，C. Petri の学位論文（1962 年）から発展してきた，並列非同期同時進行する複数のプロセスからなる離散事象システムを表現するモデルである．ペトリネットのグラフ表現は，図に示すように，○をプレース（place），｜をトランジション（transition），→をアーク（arc），そして，プレース内にある・をトークン（token）という．アークはプレースからトランジション，またはトランジションからプレースを結ぶ．プレースの集合上のトークンの配置をマーキング（marking）と呼ぶ．図においてトランジション t_1 において，t_1 に至るプレース（入力プレース $p1$ と $p2$）について，各プレースにおけるトークンの個数が，そのプレースから t_1 への至るアーク（入力アーク）の本数以上であるとき，トランジション t_1 は発火可能（fireable）であるという．t_1 の発火により，その入力プレースのトークンはアークの本数だけ減少し，トランジションから出力されるプレース（出力プレース $p4$）のトークンの個数はアークの個数（一つ）だけ増加する．これが，トランジションの発火によるマーキングの変化（トークンゲーム）である．ここで，トランジションを事象とし，入力プレースをその事象が生起するための条件とすると，離散事象システムの状態遷移がトランジションの発火という形で表現できることが理解できるだろう．例えば，図 3.1 で示した信号機の場合，「押しボタンを押す」という事象と「自動車用信号が赤になる」という事象の二つの事象の生起（条件の成立）によって，「歩行者用信号が青になる」という事象は生起し，状態遷移が行われる．ここでは，ペトリネットのグラフ表現について簡単に説明したが，解析方法など詳細については，参考文献（離散事象システム研究専門委員会編，ペトリネットとその応用，計測自動制御学会など）を参考にして学習していただきたい．余談ではあるが，著者の学生時代，他の分野の方が出席される学内の研究発表会では，「発火（fire）」というごとに「火事でも起こすの？」と苦笑されたのを覚えている．

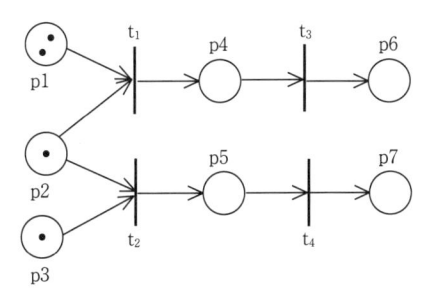

振などのダイナミカル制御も同時に行えるなど，シーケンス制御とサーボ制御などのダイナミカル制御の両機能を備えたコントローラの高機能な実装化が図られるであろう．

　FMS(flexible manufacturing system)のための柔軟なシステムの設計変更や，さらに企業全体の統合を目指したCIM(computer integrated manufacturing)を図るためには，ソフトウェアの変更だけで対応できるPCの役割は大きく，LANによって階層的にコンピュータネットワークが構成され，生産の管理や計画情報が統合されてきている．今後，生産現場においてもPCを含めた機器間の通信が行われるようになり，生産に関する情報や機器の接続が容易になると考えられる．また，ペトリネットなどの離散事象システムのモデルが提案され，シーケンス制御系の設計解析ソフトウェアの開発が進んでおり，シーケンス制御分野の大きな発展が期待される．

演 習 問 題

3.1 身の回りにあるシーケンス制御系の例をあげよ．
3.2 自己保持回路について説明し，応用例をあげよ．
3.3 $A \cdot (A+B) = A$ を証明せよ．
3.4 式(3.16)で表された論理代数を簡略化せよ．
3.5 次式をカルノー図より簡略化せよ．
　　(1)　$F = ABC + \overline{A} BC + A \overline{B} C + \overline{A} B \overline{C}$
　　(2)　$F = ABCD + ABC \overline{D} + A \overline{B} CD + \overline{A} BC \overline{D}$

参 考 文 献

1)　電気学会：シーケンス制御工学―新しい理論と設計法―，電気学会(1994)
2)　離散事象システム研究専門委員会編：ペトリネットとその応用，計測自動制御学会(1992)
3)　鈴木宣夫，臼井支朗，岩田　彰，堀場勇夫，佐々木次郎：論理回路演習，朝倉書店(1985)
4)　松下電器産業株式会社製造技術研究所編：リレーシーケンス制御，廣済堂出版(2002)
5)　松下電器産業株式会社製造技術研究所編：無接点シーケンス制御，廣済堂出版(2001)

6) 佐藤一郎：シーケンス制御の基礎と応用　図解・実用シーケンス回路の組立て方，科学図書出版(2001)
7) 大浜庄司：図解でわかるシーケンス制御，日本実業出版社(2001)
8) 大浜庄司：シーケンス制御の考え方・読み方　初歩から実際まで，東京電機大学出版局(2002)

第4章
ダイナミカル制御と制御系設計とは

　制御系の設計とは，ソフトウェア的には何をすることかについて説明する．また，制御系の設計ではプロセスのモデルを構築(モデリング)することから出発することが多いが，モデリングと制御系設計の関係を理論的に説明する．最後に，制御系設計の両輪であるフィードバック制御とフィードフォワード制御について，おのおのの特徴を述べ，システム制御論のなかでの位置づけを明確にする．

4.1　制御系設計と制御対象モデルとの関係

　図4.1に，工学問題解決のアプローチを示す．ねらいを見つけ，現象を観察し，解析し，因果関係をとらえるのが，工学解析である．次に，ねらいに対して制御できるかを検討し，プロセスやシステムを制御するための具体的なコンセプトやアイデアを出し，そのコンセプトを実現するのに最適な制御理論を選ぶ(必要なときは，新しくつくる)．最後に，そのアルゴリズムをプログラミングし実装化する．これらの部分が制御である．工学問題解決のアプローチを簡単にいうと，解析と制御からなり，制御の問題はあらゆる分野に存在する．前半部分は，工学的にいうとモデリングという言葉に集約される．微分方程式などを用いた数式モデル化や，それが難しい場合は悪構造問題といわれ，知識工学やエキスパートシステムを利用して，経験則や言語的知識としてモデル化がなされる．制御技術者の主たる役割は，図4.1の後半部分であるが，前半部分で得た情報，知識と制御系設計技術をうまく統合化していく必要がある．そのためには，システムやプロセス技術者と連携をとり，プロセスを十分に把握しておくことが不可欠である．

　このことは，あたりまえのように思える反面，フィードバック制御をするならモデルなど不要ではないかという疑問を生じる．モデリングと制御の関係を表し

4.1 制御系設計と制御対象モデルとの関係

```
┌─────────────────┐
│ ねらいを見つける │ ┐
└─────────────────┘ │
         ↓          │
┌─────────────────┐ │
│ 現象をみる(計測) │ │ 工
└─────────────────┘ │ 学
         ↓          │ 解
┌─────────────────┐ │ 析
│   現象を解析    │ │
└─────────────────┘ │
         ↓          │
┌─────────────────┐ │
│ 因果関係をとらえる│ ┘
└─────────────────┘
         ↓
┌─────────────────────────┐
│ねらいに対して、制御できるか?│ ┐
└─────────────────────────┘ │
         ↓                   │
┌─────────────────────────┐ │
│ 制御のコンセプト(アイデア)│ │
└─────────────────────────┘ │ 制
         ↓                   │ 御
┌─────────────────────────┐ │
│  制御設計(制御理論)     │ │
└─────────────────────────┘ │
         ↓                   │
┌───────────────────────────────────┐ │
│      インプリメンテーション         │ │
│制御設計(アルゴリズム, プログラミング, 実装化)│ ┘
└───────────────────────────────────┘
```

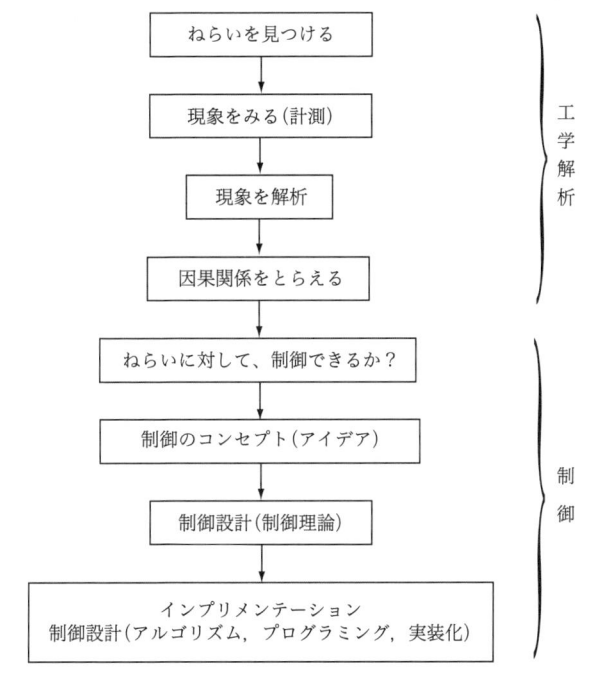

図 4.1 工学問題解決のアプローチ

$$\frac{y(s)}{r(s)} = \frac{K(s)P(s)}{1+K(s)P(s)} = G_m(s) \quad (望ましい特性)$$

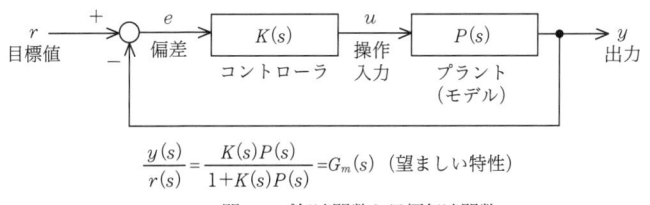

図 4.2 閉ループ伝達関数と目標伝達関数

た図 4.2 を用いて，このことを理論的に解明する．

図 4.2 は，フィードバック制御システムのブロック線図である．フィードバック制御では，出力 $y(t)$ が目標値 $r(t)$ になるように，絶えず目標値と出力値の偏差 $e(t)$ をとり，それをフィードバックし，操作入力を，例えば，制御では，

$$u(t) = K_P e(t) + K_I \int_0^t e(\tau)\,d\tau + K_D\left(\frac{de(t)}{dt}\right) \tag{4.1}$$

として,修正動作を繰り返している.t は時間を表す.ただし,K_P は比例制御ゲイン,K_I は積分制御ゲイン,K_D は微分制御ゲインと呼び,おのおの定数である.詳しくは第11章で説明する.

制御系(コントローラ)の設計とは,ソフトウェアの見地では各種制御仕様を満たすように,制御ゲイン (K_P, K_I, K_D) を最適に決めることである.

目標値に対する出力の希望応答 $y_m(t)$ をラプラス変換した s 領域で表現することは可能であり,それをここでは,希望伝達関数として $G_m(s)$ として表す.なお,s はラプラス演算子である.また,$e(t)$ から $u(t)$ に対する,コントローラの伝達関数を $K(s)$ とする.PID制御の場合,

$$U(s) = (K_P + K_I/s + K_D s) E(s) = K(s) E(s) \tag{4.2}$$

となる.したがって,$K(s)$ はコントローラの伝達関数である.また,対象プラントの特性を表す数学モデルの伝達関数を $P(s)$ とする.伝達関数についての詳しい説明は後節で行うが,このとき,目標値から出力値までの閉ループ伝達関数は,

$$\frac{y(s)}{r(s)} = \frac{K(s) P(s)}{1 + K(s) P(s)} \tag{4.3}$$

となる.ただし,$U(s)$,$E(s)$ は,$u(t)$,$e(t)$ をラプラス変換したものである.これより,コントローラ $K(s)$ は,理想の伝達特性 $G_m(s)$ を目標とする次の等式を解くことにより求めることができる.

$$G_m(s) = \frac{K(s) P(s)}{1 + K(s) P(s)} \tag{4.4}$$

したがって,プラントモデル $P(s)$ が完全に既知であり,1入力1出力システムであれば,式(4.3)を満たす $K(s)$ を求めることができる.また,もし設計時に考えたモデル $P(s)$ が不正確であり,実際のモデルが $\tilde{P}(s) = P(s) + \Delta P(s)$ であっても,$K(s)$ を十分大きくしておけば,$y(s) \cong (K(s) \tilde{P}(s) / K(s) \tilde{P}(s)) r(s) = r(s)$ となり,モデルが間違っていようが,$\tilde{P}(s)$ に依存せず出力 $y(s)$ は定常的には目標値 $r(s)$ に制御できることになる.しかし,ゲインを大きくしすぎると別の解析からわかることであるが,過渡応答が不安定になる.したがって,制御ゲインは過度に大きくはできず,プラントモデル $P(s)$ が変動するときや,プラントパラメータの値が不確かであると設計時に考えたモデルから求めた $K(s)$ では式(4.4)の仕様が満足されなくなり,単純なフィードバック制御設計で

は性能が劣化する．

これらのことからわかるように，プロセスモデルが不要であると思うのは間違いである．いい加減にコントローラを設計すると，目標値へ到達するにしても，過渡応答の遅い性能の悪いシステムや不安定なシステムになる．できる限り正確なモデルを構築し，またモデルのパラメータに不正確さがある場合にはパラメータ値をシミュレーションで変更させ，プロセスモデルのパラメータ変動を考慮した制御系の設計をすることが合理的なシステム設計となる．

4.2 フィードフォワード制御とフィードバック制御

4.2.1 制御のシステムづくり

図 4.3 のタンク水位システムを例として，フィードバック制御システムをいかに構築していくかについて説明する．

ある流量の水がタンクに流入し，タンクの底から排出口を通して水が流出するタンク水位システムを制御対象とする．制御の目標は，水位を希望の値に一定に保持することである．水位を一定に保つ制御の一方法は，水位の変化を検出して，その水位に応じて入力流量を決めることである．この入力の調節は，バルブ開度によって行われる．タンク水位の検出は，浮き子により行う．浮き子の位置変化をてこの原理を利用して検出する．あらかじめ設定された水位と比較してバルブが開閉される．このように，システムを構成することによって，タンク内の水位が一定に保持される．なお，図 4.4 はタンク水位制御システムのブロック線

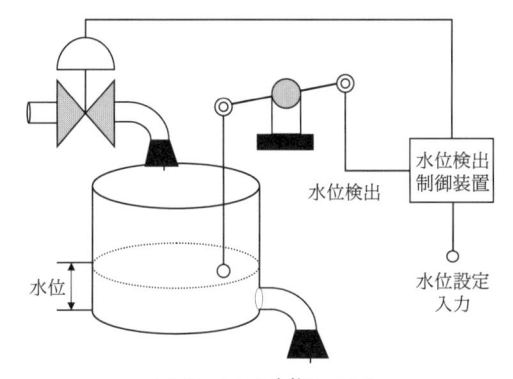

図 4.3 タンク水位システム

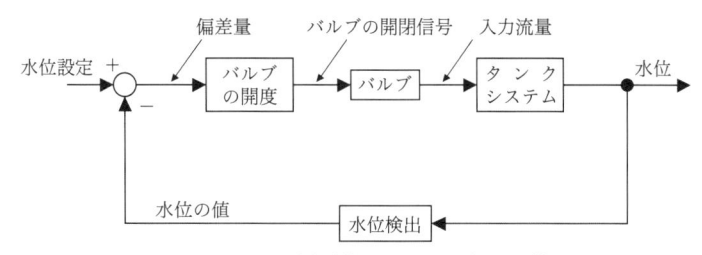

図 4.4 タンクの水位制御システムのブロック線図

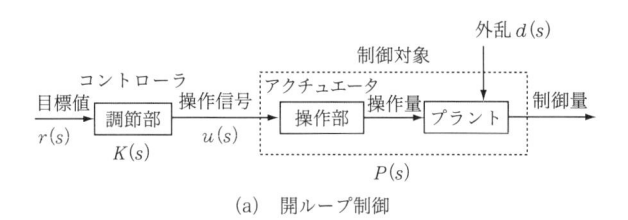

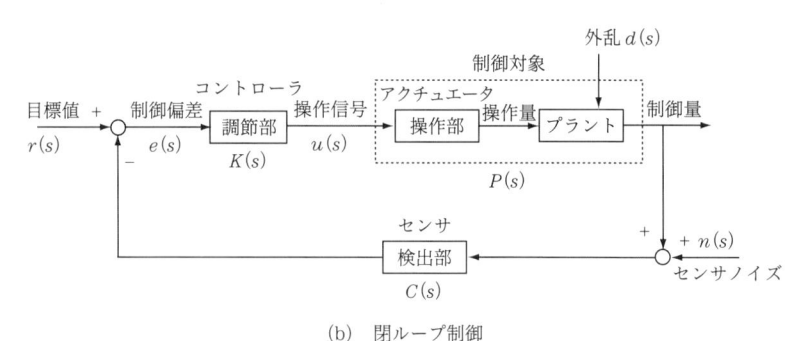

(a) 開ループ制御

(b) 閉ループ制御

図 4.5 開ループ制御と閉ループ制御システムのブロック線図

図である．

次に，フィードバック制御（閉ループ制御）の一般的なブロック線図を図 4.5 に示す．プラントとは，制御したいプロセスである．例では，タンク水位プロセスである．操作部はアクチュエータ（制御機器）によって操作されるもので，コントローラからの信号を操作量に変換し，プラントに働きかける部分である．例ではバルブである．操作量は，制御量を制御するためにプラントに与えられる量である．例では，バルブの開度である．プラントと操作部を合わせて制御対象という．制御対象とは，制御の対象となる部分あるいは全体である．制御量とは，制

御対象において制御したい量であり，例ではタンクの水位である．目標値は，制御量に対して目標としてあらかじめ与えられる量である．例では，目標水位である．制御偏差は，目標値と制御量の差である．調節部であるコントローラは，制御偏差を基に制御システムが所要の働きをするのに必要な操作信号を操作部であるアクチュエータに出力する部分であり制御演算部とも呼ぶ．例では，バルブの開度を決定する部門であり，人間でいえば頭脳に相当する．

フィードバック制御は，図 4.5(b) のブロック線図に示すように，制御量が何らかの方法で検出されて目標値と比較され，制御偏差が決められる．そして，制御偏差に応じて制御システムが所定の働きをするように操作量が決定されて制御対象に加えられる．この一巡する信号変換が閉ループになっていることから，閉ループ制御（クローズドループ制御）と呼ばれる．予期せぬ外乱がシステムに介在する場合や，プロセスの制御量と操作量の関係が不確定性を持つ場合の動的制御に用いられる．

一方，図 4.5(a) のブロック線図は，信号変換が一方向であるため，開ループ制御（オープンループ制御）あるいはフィードフォワード制御と呼ばれる．タンクシステムの場合を例に取ると，水位の変化を測定せず，あらかじめ決められたバルブ操作の方法により制御していく方法である．

4.2.2　フィードバック制御とフィードフォワード制御の特徴

フィードフォワード制御は，制御対象があらかじめ正確にわかっている場合や外乱が存在しないときには応答性のよい制御結果が得られる．一方，制御対象のモデルが不正確のときや外乱が存在する場合では，フィードバック制御がフィードフォワードより優れている．これらを理論的に明らかにしよう．

図 4.5(a) のフィードフォワード制御では，目標値 $r(s)$ から出力 $y(s)$ への関係は，

$$y(s) = P(s)K(s)r(s) \tag{4.5}$$

となる．出力 $y(s)$ を目標値 $r(s)$ にしようとすると，$P(s)K(s)=1$ を満たすことが必要となり，コントローラ $K(s)$ を，$K(s)=P(s)^{-1}$ とすると，$y(s) \cong r(s)$ になり，出力 $y(s)$ は，目標値 $r(s)$ に完全に一致する．

また，操作入力 $u(s)$ と出力の関係は，$y(s)=P(s)u(s)$ である．$u(s)$ を与えると，$y(s)$ が決まる．これを因果律という．自然界は，因果律がなりたってい

る.つまり,原因があって結果が出る.そこで,望ましい出力に対して操作入力を求めようとして,因果律の式を変形すると $u(s)$ が求まり,$u(s) = P(s)^{-1} y(s)$ となる.これを逆システムあるいは逆モデルという.それに対して,因果律を満たすプロセスモデルを順モデルという.これより,図4.5(a)で,$y(s) = r(s)$ とするには,コントローラ $K(s)$ は,$K(s) = P(s)^{-1}$ となることがわかる.制御系の設計であるコントローラ $K(s)$ を求める仕事は,プロセスの入力と出力の逆の関係を求める技術ともいえる.

一方,フィードバック制御について考える.図4.4(b)より

$$y(s) = \frac{P(s)K(s)}{1+P(s)K(s)} r(s) \tag{4.6}$$

である.$y(s)$ を $r(s)$ に完全に一致させる $K(s)$ は存在しないが,$K(s)$ を大きくすると近似的に $y(s) = r(s)$ となる.

これよりプロセスのモデル $P(s)$ が既知で,しかも外乱 $d(s)$ がない場合,フィードフォワード制御のほうがプロセス出力の目標値への追従性がよいことがわかる.

ただし,逆システムを求める問題は,① $P(s)$ の逆行列が存在しないとき,② $P(s)$ の分子の根が不安定根を持つとき,③制御目的が $y(s)$ を $r(s)$ に一致させるだけでなく,制御入力 $u(s)$ を最小にさせるなどの最適制御問題のときには,フィードフォワードコントローラ $K(s)$ を求めることは複雑となる.

次に,制御対象の伝達関数が $P(s) \to \widetilde{P}(s)$ と変化したとき,オープンループシステムの式(4.5),クローズドループシステムの式(4.6)はおのおの次式となる.

$$\widetilde{y}(s) = \widetilde{P}(s)K(s)r(s) \tag{4.7}$$

$$\widetilde{y}(s) = \frac{\widetilde{P}(s)K(s)}{1+\widetilde{P}(s)K(s)} r(s) \tag{4.8}$$

ここで,フィードバックループの r から y への伝達関数 $T(s)$ は

$$T(s) = \frac{P(s)K(s)}{1+P(s)K(s)} \tag{4.9}$$

となり,P が $\widetilde{P}$ と変化したとき,T は $\widetilde{T} = \widetilde{P}(s)K(s)/(1+\widetilde{P}(s)K(s))$ へと変化する.

オープンループ制御で,$P(s)$ が $\widetilde{P}(s)$ に変化したとき,出力変化は,

$$\frac{\varDelta y(s)}{\tilde{y}(s)} = \frac{y(s) - \tilde{y}(s)}{\tilde{y}(s)} = \frac{P(s)K(s)r(s) - \tilde{P}(s)K(s)r(s)}{\tilde{P}(s)K(s)r(s)}$$

$$= \frac{P(s) - \tilde{P}}{\tilde{P}(s)} = \varDelta_P(s) \tag{4.10}$$

また，クローズドループ制御で，$P(s)$ が $\tilde{P}(s)$ と変化したときの出力変化は

$$\frac{\varDelta y(s)}{\tilde{y}(s)} = \frac{y(s) - \tilde{y}(s)}{\tilde{y}(s)} = \frac{T(s)r(s) - \tilde{T}(s)r(s)}{\tilde{T}(s)r(s)}$$

$$= \frac{T(s) - \tilde{T}(s)}{\tilde{T}(s)} = \varDelta_T(s) \tag{4.11}$$

となる．したがって，$\varDelta_P(s)$，$\varDelta_T(s)$ は，プラントモデルとして $P(s)$ で設計したコントローラ $K(s)$ を実際のプラントに用いたとき，モデルが $P(s)$ でなく $\tilde{P}(s)$ であった場合，実際の出力が設計時に期待した出力値と，どの程度変動するかを表したものである．このとき，$\varDelta_T(s)$ と $\varDelta_P(s)$ は次の関係がなりたつ．

$$\varDelta_T(s) = \frac{1}{1 + P(s)K(s)} \varDelta_P(s) \tag{4.12}$$

これより，フィードフォワード制御では，$\varDelta_P(s)$ よりわかるように，モデルの悪さがそのまま制御結果に直接反映される．それに対して，フィードバック制御では，式 (4.12) より，コントローラ $K(s)$ を大きくしておくと，$\varDelta_T(s)$ を $\varDelta_P(s)$ より小さくでき，モデルの悪さをある程度コントローラの設計でカバーできることがわかる．また，予期せぬ外乱 $d(s)$ があった場合，図 4.5(a)，(b) では，おのおの

$$y(s) = P(s)d(s) \tag{4.13}$$

$$y(s) = \frac{d(s)}{1 + P(s)K(s)} \tag{4.14}$$

となる．このとき，外乱 $d(s)$ の影響が出力 $y(s)$ に出てこないよう，つまり，$d(s)$ に対して $y(s)$ が 0 であるようにしたい．式 (4.13)，(4.14) よりわかるように，フィードフォワードでは外乱に対して何ら抑制できないのに対し，フィードバック制御では外乱抑制ができる．

以上のことからわかるように，フィードフォワード制御とフィードバック制御にはおのおの特徴があり，状況に応じて使い分けるとよい．両者の特徴比較を表 4.1 に示す．

目標値への応答性の向上，および外乱やモデルの不確かさへの対応という両方

の仕様を満足させるには，フィードフォワード制御とフィードバック制御の両方を併合した制御系の設計が効果的である．それを2自由度制御系という．これら制御系の具体的な設計法については第11章で述べる．

なお，図4.6は学生-教官-大学の教育システムに関する多重ループ協調制御構造である．学生と教官が協調して学習効果を上げるだけでなく，大学全体で組織的に取り組まないといけない．このループは理論的に確立されたものではなく，教育システムを考えたとき，このようなものがイメージできるのではないかと考えたものである．システム制御工学は，工学だけでなく，今後は，教育，経済，社会システム，生体，医学，福祉分野などに応用される可能性が高い．読者もい

コラム　　　　制御の出発点は相手を知ること

とかく制御技術者の仕事は，コントローラのソフトとハードウェアをつくることと思いがちですが，それだけでは不十分．いやむしろ対象プロセスの特性を把握することが必要です．そのためには物理をはじめ，基礎工学の習得が不可欠．学生時代によく勉強することです．社会に出ると痛感します．高級な研究者や技術者になるには対象を観察(計測)し，それをいかに解析するか，またモデル化することが決め手です．モデリングの段階から制御系の設計が始まっています．例えば，職場や学校で人に依頼して動いてもらうときには，その人の性格，つまり，相手の特性(制御対象のモデル)を知らないとうまくいかないことが多いです．人間も制御対象になるということです．

予習，復習はフィードフォワード制御？
それともフィードバック制御？

フィードフォワード制御とフィードバック制御というのは，勉強でいえば，予習と復習です．前者が予習，後者が復習というところです．先生に授業で教えていただくとき，予習してあれば，どこがポイントで何を重点的に聞くかなど先回りできます．それに対して，復習は，講義で理解できていないところを補い，学習目標を達成させることに相当します．制御対象である学生の能力が先天的に優秀であれば，予習も復習もいらないかもしれません．しかし，現状では，フィードフォワードである予習と，フィードバックである復習で学問習得に精を出しているのが優秀な学生なのでしょう．その両方を行っている人が2自由度制御をしている人といえます．勉強時間は有限であるので，その予習と復習の最適な割合はいくらか？　考えてください．

表 4.1 フィードフォワード制御とフィードバック制御の特徴比較

	フィードフォワード制御	フィードバック制御
モデル	正確なプロセスモデルが必要	多少のモデルの悪さは許容される
出力応答性	優れている	安定性の点より，あまり速くできない
外乱抑制	不可能	優れている
センサ	不要	必要
コスト	一般に安価	センサの必要な分，高価

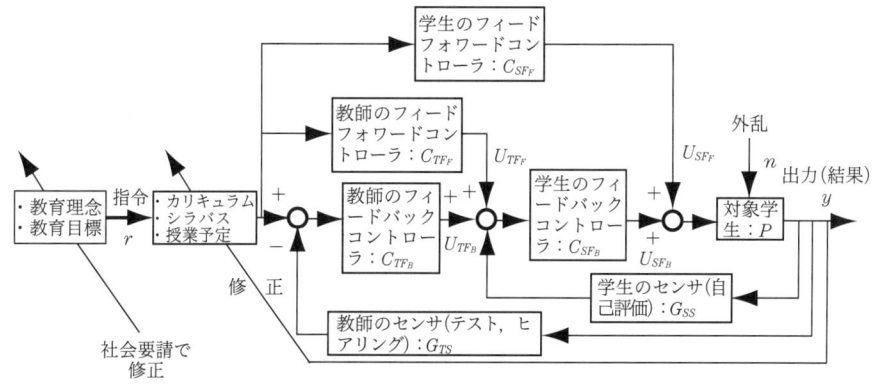

図 4.6 学生-教官-大学の教育システムに関する多重ループ協調制御構造

ろいろまわりを観察して応用を探すことができよう．制御工学は，このようにきわめて横断的で学際的な学問分野である．

演 習 問 題

4.1 フィードフォワード制御とフィードバック制御の長所，短所を述べよ．
4.2 フィードフォワード制御とフィードバック制御の実用例をあげよ．
4.3 制御系設計とは何をすることかを述べよ．
4.4 制御系設計の手順を述べよ．
4.5 プロセスのモデルがあるとき，それをどのように制御系設計に利用するかを述べよ．また，プロセスモデルがないとき，どのように制御系設計を行っていけばよいかを述べよ．
4.6 図 4.6 の教育システムについて，どのように制御されていくとよいか，つまり，

このブロック線図の意味を考えてみよ．

参　考　文　献

1) 清水良明，寺嶋一彦ほか：生産システム工学，朝倉書店(2001)
2) 諸岡　光，石原　正，池浦良淳：知能制御，講談社サイエンティフィク(2000)
3) J. C. ドイルほか，藤井隆雄監訳：フィードバック制御の理論―ロバスト制御の基礎理論―，コロナ社(1996)
4) 片山　徹：新版フィードバック制御の基礎，朝倉書店(2002)

第5章
数学モデルと状態方程式

本章では熱伝導現象，振動現象などの工学の種々の分野において現れる現象の解析や制御系の設計を行う際に，現象や制御対象の特性(状態の時間的変化)を記述する数式(数学モデル)が重要な役割を果たすことや数学モデルの分類，数学モデルの具体的構成法を例をあげて説明する．また，数学モデルが偏微分方程式として与えられる場合の常微分方程式系への近似的変換法と数学モデルが常微分方程式で表現される場合の状態方程式の解法を解説し，現象や制御系の具体的記述法とその解析法を習得することを本章の目的とする．

5.1 モデルの分類

英和辞典で model を調べてみると模型，見本，模範，(文学・芸術関係の)モデルなど種々の訳が載っている．モデルには多様な意味があり，モデルを一言で説明するのは意外と困難であることがわかる．このように，多様な意味をもつモデルに関して，本節では制御工学の分野で用いられるモデルに焦点を当ててその意味，分類について説明する．

いま，微小重力下での気体燃料の燃焼特性を解析したいとする．重力の大きさや燃料濃度の組合せを変化させて実験を行い，燃焼特性を解析する方法も考えられるが，このような方法は経済的・時間的観点からすれば非常に不利である．もし，重力の大きさ，燃料濃度，燃焼温度の関係を数式(微分方程式)で表現することができれば，燃料濃度と重力の大きさの種々の組合せについてコンピュータシミュレーションを行い，その結果を解析すれば燃焼特性の解析が実験を行うより，はるかに経済的かつ短時間で行えるであろう．しかし，これは実験の有効性・有用性を否定するものではない．シミュレーション結果の妥当性を実験によって検証する必要があるため，その際の実験を効率よく行うための実験条件・

環境の設定，結果の予測にシミュレーションが有効であると考えられる．また，気象変化や天体運動のように実験を行うことが困難な場合にはモデルを用いたシミュレーションは強力な解析手法であり，さらに現象の隠れた特性を発見する手がかりを与える場合もある．このような観点からすれば，ある現象の最適制御問題を考察する際に，その現象の時間的変化を記述する微分方程式があれば効率よく理論的解析が行えることになる．このように，現象の時間的変化を表現する方程式(微分方程式)をその現象の数学モデルと呼ぶ．また，数学モデルをつくることをモデリングという．

数学モデルは対象となる現象に応じて多種多様であり，その分類の仕方も種々存在するが，対象となる現象の状態を記述する変数(状態変数という)に着目して数学モデルを分類すると図5.1のようになる．図5.1の集中，分布，確定，確率モデルについてその特徴と相違点をまとめると以下のようになる．

集中モデル 状態の変化が1変数(ここでは時間変数とする)の関数として表現されるモデルであり，独立変数が一つであるから，状態の変化は常微分方程式で記述される．例えば，空気抵抗や摩擦のない環境の中に質量 m の物体をバネ定数 k のバネにつり下げ自由振動させたときの静止位置からの変位を u とすると，次のようなモデルが得られる(5.2.1項参照)．この場合，変位 u は時間 t のみの関数となる．

$$m\frac{d^2u(t)}{dt^2}+ku(t)=0 \tag{5.1}$$

分布モデル 状態の変化が2変数以上の関数で表現されるモデルであり，独立変数が二つ以上となり，状態の変化は偏微分方程式によって記述される．定常システムでは，状態が位置変数のみの関数でいわゆる楕円型偏微分方程式[1])によって状態の変位が記述されるが，本節では時間的変化を伴うモデルを考察対象にす

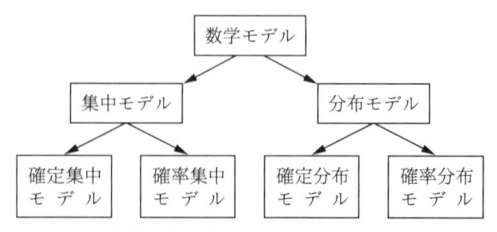

図 5.1 状態変数の特性による数学モデルの一分類

るので，独立変数は時間変数と位置変数と考える．

例えば，室内の温度分布を考えてみよう．室内の温度は同じ場所であっても朝，昼，夜と時間によって変化するであろう．また，同じ時間であっても，壁側，窓側でというように，場所(位置)が変われば温度が変化すると考えられる．したがって，室内の温度分布(uとする)は時間と位置(xとする)の関数になり，最も単純なモデルとして次のモデルが得られる(5.2.3項参照)．

$$\frac{\partial u(t,x)}{\partial t} - \frac{\partial^2 u(t,x)}{\partial x^2} = f(t,x) \tag{5.2}$$

ここで，$f(t,x)$は室内の熱源や部屋に差し込む太陽熱の影響を表す関数である．

確定モデル 図5.2のように，A地点から川の流れによって運ばれる粒子(ボールでもよい)を考えよう．風の影響や川の流れの乱れのように，粒子の動きを乱すような要因が全くないとし，A地点から運ばれた粒子がB地点を通過し

コラム

ノイズって本当に邪魔者？―ノイズは人間性を豊かにする！

O嬢「確率システムという難しそうな言葉が出てきて，不規則外乱つまりノイズというものを改めて意識しました．ふつう私たちってノイズっていうといやがったりして，冷たくしていませんか．」

I教授「そうだね．ノイズがあって通信や測定がうまくいかないときは，ノイズがなければよいのにとよく思うね．」

O嬢「ノイズって全く邪魔者なんですね．」

I教授「でもね，制御工学者のなかではまだ知っている人は少ないんだけど，ノイズがあったほうがよい場合もあるんだよ．例えば，確率共鳴という現象では，ノイズがあると信号の振幅が増幅される場合があって，最近，研究が盛んに行われているようだよ．地球上の氷河期が10万年周期で起こるというのを確率共鳴で説明した人もいるらしいよ．」

O嬢「ノイズって役に立つときもあるんですね．そういえば，CDはノイズが少なく音が鮮明だけどどこかもの足らない，冷たい感じがし，ノイズがCDに比べて多いレコードのほうは音に厚みと暖かみがあるように感じるからノイズも大事なのかな．」

I教授「ノイズが人間の心理に重要な影響を及ぼしているのは確かだね．人生もノイズがあって，多少揺らぎがあるほうが人間に厚みができるからノイズも大切にしなくちゃね．」

図 5.2 粒子の流れ

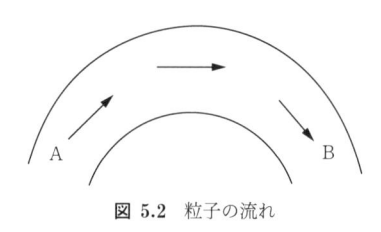

たとする．この場合には，何回繰り返しても A 地点から運ばれる粒子は常に同じ経路をたどって B 地点を通過することになるだろう．このように，同じ状態から始めると常に同じ結果が得られる，つまり，再現性を持つ現象に対するモデルを確定モデルと呼ぶ．確定モデルは，状態変数の特性(独立変数の数)により確定集中モデルと確定分布モデルに分類できる．確定集中モデルでは，初期条件が同じであれば同じ出力が得られる．また，確定分布モデルでは初期条件と境界条件が同じであれば同じ出力が得られることになる．

確率モデル 図 5.2 において，風の影響や流れの乱れを考慮すると，A 地点から出発した粒子はかならずしも B 地点を通らないであろう．また，A 地点から出発するたびに異なった経路を取ることが予測される．つまり，この場合には，再現性は期待できない．このように，不規則な要因により再現性がない現象に対するモデルを確率モデルと呼び，状態変数の特性により確率集中システムと確率分布システムに分類できる．この場合，初期条件や境界条件が同じであっても同じ出力が得られるという保証はない．確率集中システムは最近では，数理ファイナンスの分野で用いられ，株価・証券の価格変動の研究が行われている．

5.2 種々の現象の数学的モデリング

本節では機械システム，電気システム，プロセスシステムにおいて現れる種々の現象に対する理論的モデリング手法について説明する．なお，本節では，時間，質量，長さなどの単位はすべて無次元化されているものとする．

モデリングは一般に考察対象の現象に応じて，質量保存則，エネルギー保存則などの保存則を用いて，状態の変化を微分方程式によって表現することによってなされる[1,2]．

5.2.1 機械システムのモデリングの例

粘性減衰振動のモデル：バネ係数 k のバネと粘性減衰係数 c のダンパ(減衰器)によって，図5.3のように支持された質量 m の物体に外力 $f(t)$ が作用する場合を考える．質量 m の物体に力 F が作用したときの力方向の加速度を a とすると，ニュートンの運動法則より，次式が得られる．

$$ma = F \tag{5.3}$$

静止位置からの物体の変位(上向きを正とする)を $x(t)$ とすると，ダンパによる速度 $\dot{x}(t)$ に比例した下向きの減衰力 $c\dot{x}(t)$ とバネの伸び $x(t)$ に比例した下向きの力 $kx(t)$ が生じるので，式(5.3)において $a = \ddot{x}(t)$，$F = f(t) - c\dot{x}(t) - kx(t)$ となり，図5.3の粘性減衰振動の数学モデルは，次のような集中モデルとして与えられる．

$$m\ddot{x}(t) + c\dot{x}(t) + kx(t) = f(t) \tag{5.4}$$

初期変位を x_0，初速度を x_1 とすると，次の初期条件が得られる．

$$x(0) = x_0, \quad \dot{x}(0) = x_1 \tag{5.5}$$

図5.3は，自動車のショックアブソーバの単純モデルと考えられるが，車体重量，バネ，ダンパ，外力の組合せを変化させて，式(5.4)を初期条件(5.5)の下で計算機で解くことにより，どのような揺れを車体が示すか知ることができる．

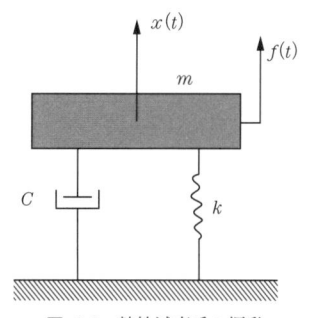

図 5.3 粘性減衰系の振動

5.2.2 電気システムのモデリングの例

本節では抵抗，コイル，コンデンサが電源と直列に接続された電気回路のモデリングを考える．図5.4に示された抵抗 R の抵抗，静電容量 C のコンデンサ，

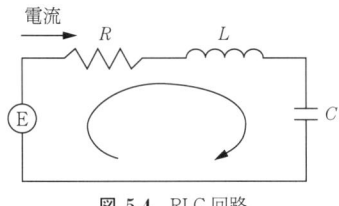

図 5.4 RLC 回路

インダクタンス L のコイルと電圧 E の電源からなる RLC 回路を考えよう．電気回路のモデリングにおいては，まず次の基礎知識が必要である．
1) 電流 I と電荷 Q には $I = \dot{Q}$ の関係がある．
2) 抵抗 R の抵抗に電流 I が流れるときには $V = RI = R\dot{Q}$ の電圧降下が生じる．
3) 静電容量 C のコンデンサ前後の電圧差を V とすると，コンデンサには電荷 $Q = CV$ が蓄えられる．したがって，$V = Q/C$．
4) インダクタンス L のコイルに流れる電流を I とすると，コイルの両端において $V = L\dot{I} = L\ddot{Q}$ の電圧降下を生じる．
5) キルヒホッフの法則：任意の時刻における任意の閉回路まわりの電圧降下の代数和は 0 である．

図 5.4 において，時計回りの閉回路を考え，上記の 1)～4) とキルヒホッフの法則 5) を用いると次式が得られる．ここで，Q はコンデンサの電荷である．

$$L\ddot{Q}(t) + R\dot{Q}(t) + \frac{1}{C}Q(t) = E(t) \tag{5.6}$$

初期時刻 $t=0$ における電荷 Q は 0，電流 $I = \dot{Q}$ も 0 とすると，次の初期条件が得られる．

$$Q(0) = \dot{Q}(0) = 0 \tag{5.7}$$

ここで，粘性減衰振動モデル (5.4) と RLC 回路モデル (5.6) を比較すると，表 5.1 の対応関係があることがわかる．

5.2.3 プロセスシステムのモデリングの例

図 5.5 に示すような線密度 ρ，比熱 c の 1 次元熱伝導性材料の熱伝導のモデリングを考える．ここでは，問題を簡単にするため，棒の側面は断熱されており，

5.2 種々の現象の数学的モデリング   63

表 5.1 パラメータの比較・対応

粘性減衰振動モデル	RLC 回路モデル
質量 m	インダクタンス L
減衰係数 c	抵抗 R
バネ係数 k	静電容量の逆数 $\dfrac{1}{C}$

棒の同一断面内の温度は一定とする．時間 t，位置 x における棒の温度を $u(t,x)$ とする．ニュートンの冷却法則より，熱は温度の高いほうから低いほうへその温度勾配 $\partial u/\partial x$ に比例した熱流により流れる．図 5.5 に示された微小部分 $[x, x+\Delta x]$ の熱量保存を考えてみよう．この棒の熱伝導度を k とすると，この微小部分に Δt 時間内に右側から $k\Delta t\partial u(t, x+\Delta x)/\partial x$ の熱量が流れ込み，左より $k\Delta t\partial u(t, x)/\partial x$ の熱量が流れ出すので，Δt 時間内にこの微小部分の熱量は

$$k\Delta t \frac{\partial u(t, x+\Delta x)}{\partial x} - k\Delta t \frac{\partial u(t, x)}{\partial x} \tag{5.8}$$

だけ増加する．また，この熱量による Δt 時間内の微小部分の温度上昇は次のようになる．

$$u(t+\Delta t, x) - u(t, x) \tag{5.9}$$

微小部分の質量は $\rho\Delta x$ であるから，式(5.8)，(5.9)より次式を得る．

$$\rho c\Delta x (u(t+\Delta t, x) - u(t, x)) = k\Delta t \left(\frac{\partial u(t, x+\Delta x)}{\partial x} - \frac{\partial u(t, x)}{\partial x} \right) \tag{5.10}$$

式(5.10)の両辺を $\rho c\Delta t\Delta x$ で割り，$\Delta x \to 0$，$\Delta t \to 0$ として，熱伝導のモデルが次のように導かれる．

$$\frac{\partial u(t, x)}{\partial t} = a^2 \frac{\partial^2 u(t, x)}{\partial x^2} \tag{5.11}$$

ここで，$a^2 = k/(\rho c)$ であり，棒の熱拡散率と呼ばれる．

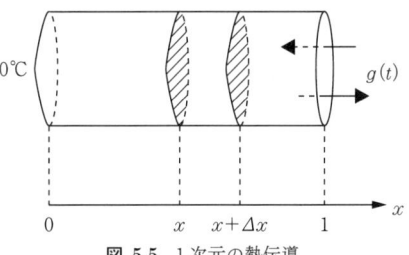

図 5.5 1次元の熱伝導

棒の初期温度分布を $u_0(x)$ とし，左端 $x=0$ は常に 0 に保たれており，右端 $x=1$ において温度 $g(t)$ の外部と熱交換を行うとし，その熱交換係数を h とすると次の初期条件，境界条件が得られる．

初期条件　　$u(0, x) = u_0(x)$　　　$0 < x < 1$ 　　　　　　(5.12)

境界条件　　$u(t, 0) = 0$　　　　　　$0 < t < \infty$ 　　　　　(5.13)

$$\frac{\partial u(t, 1)}{\partial x} = -\frac{h}{k}(u(t, 1) - g(t)) \qquad 0 < t < \infty \tag{5.14}$$

5.3　分布システムの集中システムへの変換法

一般に，分布システム（偏微分方程式によりシステムが記述）より集中システム（常微分方程式によりシステムが記述）のほうが数学的取扱いが容易なため，本節では偏微分方程式の常微分方程式への（近似的）変換法とどのような場合に変換が可能かの説明を行う．

5.3.1　変数分離を用いる方法

入力のないシステムや境界条件は同次型システム，同次型境界条件と呼ばれる．本節では，以下の同次型線形システムの初期値・境界値問題を例にして，具体的に変数分離法による集中システムへの変換法を説明する．初期温度分布が $u_0(x)$，両端の温度が常に 0 に保たれた熱拡散率 a^2 の単位長さの棒を考えよう．この場合の熱伝導モデルは，5.2.3 項より以下のように与えられる．

$$\frac{\partial u(t, x)}{\partial t} = a^2 \frac{\partial^2 u(t, x)}{\partial x^2} \qquad 0 < t < \infty, \quad 0 < x < 1 \tag{5.15}$$

初期条件　　$u(0, x) = u_0(x)$　　　$0 < x < 1$ 　　　　　　(5.16)

境界条件　　$u(t, 0) = u(t, 1) = 0$　　$0 < t < \infty$ 　　　　(5.17)

$u(t, x)$ を $u(t, x) = T(t) X(x)$ のように，時間変数 t と空間変数 x の関数に分離し，式(5.15)に代入して次式を得る．

$$\dot{T}(t) X(x) = a^2 T(t) X''(x) \tag{5.18}$$

式(5.18)より，次のようになる．

$$\frac{\dot{T}(t)}{a^2 T(t)} = \frac{X''(x)}{X(x)} \tag{5.19}$$

式(5.19)の左辺は t のみの関数，右辺は x のみの関数であり，t と x は独立であるから，両辺は定数（λ とおく）になる．したがって，次式が導かれる．

5.3 分布システムの集中システムへの変換法

$$\dot{T}(t) = \lambda a^2 T(t) \tag{5.20}$$
$$X''(x) = \lambda X(x) \tag{5.21}$$

ここで，式(5.21)の両辺に $X(x)$ を掛け，部分積分し $X(x)$ が境界条件(5.17)を満足することに注意して次式を得る．

$$\begin{aligned}
\lambda \int_0^1 X(x)^2 dx &= \int_0^1 X''(x) X(x) dx \\
&= [X'(x) X(x)]_0^1 - \int_0^1 X'(x)^2 dx \\
&= -\int_0^1 X'(x)^2 dx \le 0
\end{aligned}$$

したがって，$\lambda \le 0$ となるが $\lambda=0$ のときは $X(x) \equiv 0$ となるので，$\lambda < 0$ である．そこで $\lambda = -k^2 (k \ne 0)$ とおき，式(5.20)，(5.21)を解くと次のようになる．

$$\begin{cases} T(t) = Ce^{-(ka)^2 t} \\ X(x) = A \sin kx + B \cos kx \end{cases} \tag{5.22}$$

したがって，次式を得る．

$$u(t, x) = T(t) X(x) = Ce^{-(ka)^2 t} (A \sin kx + B \cos kx) \tag{5.23}$$

境界条件 $X(0) = X(1) = 0$ より，$B=0$，$\sin k = 0$ となるので($A=0$ のときは $X \equiv 0$ となる)，$k \ne 0$ より，$k = n\pi (n = \pm 1, \pm 2, \cdots)$ となり，結局，偏微分方程式と境界条件を満足する次のような無限個の関数が求められる．

$$u_n(t, x) \equiv T_n(t) X_n(x) = C_n e^{-(n\pi a)^2 t} \sin n\pi x \quad (n=1, 2, \cdots) \tag{5.24}$$

ここで，$T_n(t) = C_n e^{-(n\pi a)^2 t}$，$X_n(x) = \sin n\pi x$ であり，式(5.24)より $n=-1, -2, \cdots$ の場合は $u_n(t, x)$ と符号が異なるだけで数学的には同じ意味であるため省略してある．

システムは線形であるから，求める解 $u(t, x)$ は次のようになる．

$$u(t, x) = \sum_{n=1}^{\infty} u_n(t, x) = \sum_{n=1}^{\infty} C_n e^{-(n\pi a)^2 t} \sin n\pi x \tag{5.25}$$

後は初期条件

$$u(0, x) = \sum_{n=1}^{\infty} C_n \sin n\pi x = u_0(x) \tag{5.26}$$

を満たすように係数 C_n を決定すればよい．式(5.26)の両辺に $\sin n\pi x$ を掛け積分し，$\sin n\pi x$ の直交性

$$\int_0^1 \sin(m\pi x)\sin(n\pi x)\,dx = \begin{cases} 0 & (m \neq n) \\ \dfrac{1}{2} & (m = n) \end{cases} \tag{5.27}$$

を用いて，C_n は以下のようになる．

$$C_n = 2\int_0^1 u_0(x)\sin(n\pi x)\,dx \tag{5.28}$$

実際問題においては，式(5.25)の無限和を求めることが不可能なため，有限和（N 個）で近似し，次に分布システムを集中システムで近似するため，空間領域 $(0,1)$ を $0 \equiv x_0 < x_1 < \cdots < x_M \equiv 1$ と M 個に分割すると，式(5.25)より分布システムの解は次のように M 個の集中システムの解で近似できる．

$$u(t, x_i) \cong \sum_{n=1}^{N} u_n(t, x_i) = \sum_{n=1}^{N} C_n e^{-(n\pi a)^2 t} \sin n\pi x_i \quad (i=1, 2, \cdots, M) \tag{5.29}$$

ここで，$C_n (n=1, 2, \cdots, N)$ は初期値 $u_0(x)$ を用いて式(5.28)により計算できる．また，式(5.29)に現れる $u_n(t, x_i)$ の動特性は式(5.24)より，次のような集中システムで与えられる．

$$\frac{du_n(t, x_i)}{dt} = -(n\pi a)^2 u_n(t, x_i) \quad (i=1, 2, \cdots, M) \tag{5.30}$$

$$\text{初期条件} \quad u_n(0, x_i) = C_n \sin n\pi x_i \quad (i=1, 2, \cdots, M) \tag{5.31}$$

結局，式(5.15)〜(5.17)の分布システムは式(5.30)，(5.31)のように，M 個の集中システムで近似できる．なお，x に関する連続解から離散化したため，各 $u_n(t, x_i) (i=1, 2, \cdots, M)$ は $X_n(x_i) \equiv \sin n\pi x_i$ を通して関係していることが式(5.24)よりわかる．

5.3.2 固有関数展開を用いる方法

$\mathcal{L}$ を適当な境界条件を持つ線形微分作用素としたとき，ある λ に対して $\mathcal{L}y = \lambda y$ を満たす恒等的に 0 でない関数 y が存在するとき，この λ を固有値，関数 y を固有値 λ に対する固有関数という．まず，この固有関数を用いた固有関数展開の基本的な考え方を以下の非同次型線形システムの初期値・境界値問題を例にして説明する．変数分離法は基本的には同次型システム・境界条件にしか適用できなかった点に注意する．初期温度分布が $u_0(x)$，両端の温度が常に 0 に保たれ，内部に熱源 $f(t, x)$（正確には熱源を棒の比熱と密度で割った熱源密度）を持

つ熱拡散率 a^2 の単位長さの棒を考えよう．この場合の熱伝導モデルは，5.2.3 項より以下のように与えられる．

$$\frac{\partial u(t,x)}{\partial t} = a^2 \frac{\partial^2 u(t,x)}{\partial x^2} + f(t,x) \qquad 0<t<\infty, \quad 0<x<1 \qquad (5.32)$$

初期条件　$u(0,x) = u_0(x) \qquad 0<x<1$ \hfill (5.33)

境界条件　$u(t,0) = u(t,1) = 0 \qquad 0<t<\infty$ \hfill (5.34)

このシステムは線形であるから，熱源 $f=f_1,\ f_2$ に対する解をそれぞれ $u_1,\ u_2$ とすれば u_1+u_2 も解になる．この考え方を拡張し，関数 $f(t,x)$ がある関数族 $\{e_n(x)\}_{n=1}^{\infty}$ を用いて $f(t,x) = \sum_{n=1}^{\infty} f_n(t) e_n(x)$ と展開されたとき，各 $f_n(t) e_n(x)$ に対する解 $u_n(t) e_n(x)$ を求めて，それを足し合わせて，$\sum_{n=1}^{\infty} u_n(t) e_n(x)$ とすれば，求める解 $u(t,x)$ が求まることになる．

実際に計算をしてみよう．境界条件(5.34)が5.3.1項の式(5.17)と同一，式(5.32)が式(5.15)の非同次版，また，$u(t,x) = \sum_{n=1}^{\infty} u_n(t) e_n(x)$ であることを考慮すると，この場合 $\{e_n(x)\}$ は5.3.1項の $X_n(x)$，すなわち，$e_n(x) = \sin n\pi x$，$(n=1,2,\cdots)$ と選べばよいことになる．式(5.32)が x に関する2回微分作用素を持つことより，$\mathscr{L} = -d^2(\cdot)/dx^2$ とおくと，$e_n(x)$ は境界条件(5.34)と $\mathscr{L}e_n(x) = (n\pi)^2 e_n(x)$ を満たすので，$e_n(x)\ (n=1,2,\cdots)$ は固有値 $\lambda = (n\pi)^2$ $(n=1,2,\cdots)$ に対する固有関数となることがわかる．固有関数 $e_n(x)$ を用いた次のような展開を $f(t,x)$ の固有関数展開という．

$$f(t,x) = \sum_{n=1}^{\infty} f_n(t) e_n(x) = \sum_{n=1}^{\infty} f_n(t) \sin n\pi x \qquad (5.35)$$

ここで，$f_n(t) = 2\int_0^1 f(t,x) e_n(x) dx = 2\int_0^1 f(t,x) \sin(n\pi x) dx$ である．

熱入力 $f_n e_n$ に対する解を $u_n e_n$ とおくと，$u(t,x) = \sum_{n=1}^{\infty} u_n(t) e_n(x)$ と書けるから，これと式(5.35)を式(5.32)に代入して次式を得る．

$$\sum_{n=1}^{\infty} \left[\frac{du_n(t)}{dt} + (n\pi a)^2 u_n(t) - f_n(t) \right] e_n(x) = 0 \qquad (5.36)$$

したがって，次の常微分方程式が得られる．

$$\frac{du_n(t)}{dt} = -(n\pi a)^2 u_n(t) + f_n(t) \qquad (n=1,2,\cdots) \qquad (5.37)$$

式(5.37)の初期条件は，次のように求められる．まず，

$$u(0,x) = \sum_{n=1}^{\infty} u_n(0) e_n(x) = u_0(x) \qquad (5.38)$$

であるから，式(5.38)の両辺に $e_n(x)$ を掛け，積分を行い，$e_n(x)$ の直交性の式(5.27)を用いて，次の初期条件が得られる．

$$u_n(0) = 2\int_0^1 u_0(x)\,e_n(x)\,dx = 2\int_0^1 u_0(x)\sin(n\pi x)\,dx \tag{5.39}$$

式(5.39)の右辺は，式(5.28)で定義される C_n と一致する．そこで，初期条件を $u_n(0)=C_n$ とおいて式(5.37)を解くと以下のようになる．

$$u_n(t) = C_n e^{-(n\pi\alpha)^2 t} + \int_0^t e^{-(n\pi\alpha)^2(t-\tau)} f_n(\tau)\,d\tau \qquad (n=1,2,\cdots) \tag{5.40}$$

ここで，$u_n(t,x) \equiv u_n(t)e_n(x)$ とおくと，$u(t,x) = \sum_{n=1}^{\infty} u_n(t,x) = \sum_{n=1}^{\infty} u_n(t)\sin n\pi x$ によってもとの分布システムの解が得られるが，実際問題に適用するため無限和を有限和で近似し，空間領域 $0<x<1$ を $0\equiv x_0 < x_1 < x_2 \cdots < x_M \equiv 1$ と有限個に分割し，次のような M 個の集中システムによって分布システムを近似する．

$$u(t,x_i) \cong \sum_{n=1}^{N} u_n(t,x_i) = \sum_{n=1}^{N} u_n(t)\sin n\pi x_i \qquad (i=1,2,\cdots,M) \tag{5.41}$$

式(5.37)と $u_n(t,x) \equiv u_n(t)e_n(x)$ より，$u_n(t,x_i)$ の動特性は次の集中システムとして表現される．

$$\frac{du_n(t,x_i)}{dt} = -(n\pi\alpha)^2 u_n(t,x_i) + f_n(t)e_n(x_i) \qquad (i=1,2,\cdots,M)$$

$$u_n(0,x_i) = u_n(0)e_n(x_i) = C_n\sin n\pi x_i \qquad (i=1,2,\cdots,M)$$

結局，式(5.32)～(5.34)の分布システムは上式のように M 個の集中システムによって近似できる．

固有関数展開を用いる際の注意点は，同じ偏微分方程式でも境界条件が変われば固有関数も変わることである（変数分離法でも同じことがいえる）．例えば，境界条件(5.34)が $\partial u(t,0)/\partial x = \partial u(t,1)/\partial x = 0$ のとき，固有関数は次のようになる．ここでは，正規化 $\left(\int_0^1 e_n(x)^2 dx = 1\right)$ した形で表現した．

$$e_0(x) = 1, \qquad e_n(x) = \sqrt{2}\cos n\pi x \qquad (n=1,2,\cdots)$$

5.3.3 数値的解法

ここで，偏微分方程式の数値的解法について少し説明しておこう．偏微分方程

5.3 分布システムの集中システムへの変換法

式の数値解法には有限差分法，有限要素法など種々存在し，それぞれ一長・短があるが，ここでは有限差分法による解法を次のシステムを対象に説明する．

$$\frac{\partial u(t,x)}{\partial t} = a \frac{\partial^2 u(t,x)}{\partial x^2} \qquad 0<t<T, \qquad 0<x<L \qquad (5.42)$$

初期条件 $\quad u(0,x) = u_0(x) \qquad 0<x<L \qquad (5.43)$

境界条件 $\quad u(t,0) = u(t,1) = 0 \qquad 0<t<T \qquad (5.44)$

ここで，テイラー展開 $f(a \pm h) = f(a) \pm hf'(a) + h^2 f''(a)/2! \pm h^3 f'''(a)/3! + \cdots$ より，1階微分は $f'(a) \cong (f(a+h) - f(a))/h$（前進差分という），2階微分は $f''(a) \cong (f(a-h) - 2f(a) + f(a+h))/h^2$ と近似できることに注意して，$\Delta t = T/m$，$\Delta x = L/n$，$t_i = i\Delta t \, (i=0,1,\cdots,m)$，$x_j = j\Delta x \, (j=0,1,\cdots,n)$，$u_j^i = u(t_i, x_j) \, (i=0,1,\cdots,m, \, j=0,1,\cdots,n)$ とおき，$\partial u/\partial t \cong (u_j^{i+1} - u_j^i)/\Delta t$，$\partial^2 u/\partial x^2 \cong (u_{j-1}^{i+1} - 2u_j^{i+1} + u_{j+1}^{i+1})/\Delta x^2$ と近似して，式(5.42)を次のように差分化する．

$$\frac{u_j^{i+1} - u_j^i}{\Delta t} = a \frac{u_{j-1}^{i+1} - 2u_j^{i+1} + u_{j+1}^{i+1}}{\Delta x^2}$$
$$(i=0,1,\cdots,m-1, \quad j=1,2,\cdots,n-1) \qquad (5.45)$$

$$u_j^0 = u_{0j} \equiv u_0(x_j) \qquad (j=1,\cdots,n-1) \qquad (5.46)$$

$$u_0^i = u_n^i = 0 \qquad (i=1,\cdots,m) \qquad (5.47)$$

なお，式(5.45)の右辺の時間ステップ $i+1$ を i としたものは陽解法，ここで取り扱う式(5.45)のような解法は陰解法と呼ばれる．陽解法では，解が発散しないためには $a\Delta t/\Delta x^2 \leq 0.5$ の条件が必要であるが，陰解法では安定性のためのこのような条件は必要ない．

式(5.45)を整理して，次式を得る．

$$Au_{j-1}^{i+1} + Bu_j^{i+1} + Au_{j+1}^{i+1} = u_j^i$$
$$(i=0,1,\cdots,m-1, \quad j=1,2,\cdots,n-1) \qquad (5.48)$$

ただし，$A = -a\Delta t/\Delta x^2$，$B = 1 - 2A$ である．

ここで，$U^i = [u_1^i \, u_2^i \cdots u_{n-1}^i]'$ とおき，式(5.47)，(5.48)を用いて次式を得る．

$$HU^{i+1} = U^i \qquad (i=0,1,\cdots,m-1) \qquad (5.49)$$

ただし，H は次のような $(n-1) \times (n-1)$ 行列である．

$$H = \begin{bmatrix} B & A & 0 & \cdots & \cdots & 0 \\ A & B & A & \ddots & \cdots & 0 \\ 0 & A & B & A & \ddots & 0 \\ \vdots & \ddots & \ddots & \ddots & A & 0 \\ \vdots & \ddots & \ddots & A & B & A \\ 0 & \cdots & \cdots & 0 & A & B \end{bmatrix}$$

U^0 は既知であるから,式(5.49)より,$U^1 = H^{-1}U^0$ として,$t = t_1$ における U^1 の値が求まる.この手順を繰り返していくことにより,逐次,解を求めることができる.なお,境界値は常に 0 であることに注意する.

5.4 状態方程式

本節では1入力1出力線形集中システムを対象に状態方程式について説明を行う.分布システムに対しては,5.3節で説明した方法により分布システムを集中システムで近似してから適用すればよい.

5.2.1項の粘性減衰振動を例に状態方程式を説明しよう.まず,式(5.4)を便宜上次のように書き直しておく.

$$\ddot{x}(t) + a_2 \dot{x}(t) + a_1 x(t) = b_1 f(t) \tag{5.50}$$

ただし,$a_1 = k/m$,$a_2 = c/m$,$b_1 = 1/m$ である.

ここで,変位と速度を表す次のような二つの変数,$x_1(t)$,$x_2(t)$ を導入する.

$$\begin{cases} x_1(t) = x(t) \\ x_2(t) = \dot{x}(t) \end{cases} \tag{5.51}$$

式(5.51)の両辺を微分して,次式を得る.

$$\begin{cases} \dot{x}_1(t) = \dot{x}(t) = x_2(t) \\ \dot{x}_2(t) = \ddot{x}(t) = -a_1 x_1(t) - a_2 x_2(t) + b_1 f(t) \end{cases} \tag{5.52}$$

出力 $y(t)$ として変位 $x(t)$ を観測する場合には,次のようになる.

$$y(t) = x(t) = x_1(t) \tag{5.53}$$

式(5.52)と式(5.58)はそれぞれ状態方程式,観測(出力)方程式と呼ばれる.変位 $x_1(t)$ と速度 $x_2(t)$ というシステムの状態を表すベクトルとして $\boldsymbol{x}(t)$(状態ベクトルという)を以下のように導入すると

$$\boldsymbol{x}(t) = [x_1(t) \ x_2(t)]'$$

状態方程式(5.52)と観測(出力)方程式(5.53)は次のように行列,ベクトルを用い

5.4 状態方程式

て表現できる.

$$\begin{cases} \dot{\boldsymbol{x}}(t) = \boldsymbol{A}\boldsymbol{x}(t) + \boldsymbol{b}u(t) \\ y(t) = \boldsymbol{c}\boldsymbol{x}(t) \end{cases} \tag{5.54}$$

ただし,

$$\boldsymbol{A} = \begin{bmatrix} 0 & 1 \\ -a_1 & -a_2 \end{bmatrix}, \quad \boldsymbol{b} = \begin{bmatrix} 0 \\ b_1 \end{bmatrix}, \quad \boldsymbol{c} = \begin{bmatrix} 1 & 0 \end{bmatrix}$$

である. なお, $u(t) = f(t)$ であり, 本書では制御入力は一般的に $u(t)$ と表記することにする.

式(5.54)はシステム(5.50)の状態変数表示と呼ばれる. 次に, 一般の次のような線形システムの状態変数表示を求めてみよう.

$$x^{(n)}(t) + a_n x^{(n-1)}(t) + \cdots + a_1 x(t) = b_1 u(t) \tag{5.55}$$

ここで, 状態変数 $x_1(t), x_2(t), \cdots, x_n(t)$ として

$$\begin{cases} x_1(t) = x(t) \\ x_2(t) = \dot{x}(t) \\ \vdots \\ x_n(t) = x^{(n-1)}(t) \end{cases} \tag{5.56}$$

と選び, 状態ベクトルを $\boldsymbol{x}(t) = [x_1(t) \ x_2(t) \cdots x_n(t)]'$ とおくと, 次のような状態変数表示を求めることができる.

$$\begin{cases} \dot{\boldsymbol{x}}(t) = \boldsymbol{A}\boldsymbol{x}(t) + \boldsymbol{b}u(t) \\ y(t) = \boldsymbol{c}\boldsymbol{x}(t) \end{cases} \tag{5.57}$$

ただし,

$$\boldsymbol{A} = \begin{bmatrix} 0 & 1 & \cdots & 0 \\ \vdots & \vdots & \ddots & \vdots \\ 0 & 0 & \cdots & 1 \\ -a_1 & -a_2 & \cdots & -a_n \end{bmatrix}, \quad \boldsymbol{b} = \begin{bmatrix} 0 \\ \vdots \\ 0 \\ b_1 \end{bmatrix}, \quad \boldsymbol{c} = \begin{bmatrix} 1 & 0 & \cdots & 0 \end{bmatrix}$$

同じシステムに対する状態変数表示は一意ではないことに注意する必要がある. 例えば, 式(5.55)のシステムに対して, 状態変数 $x_1(t), x_2(t), \cdots, x_n(t)$ として

と選べば，次のような状態変数表示を求めることができる．

$$\begin{cases} \dot{\boldsymbol{x}}(t) = \boldsymbol{A}\boldsymbol{x}(t) + \boldsymbol{b}u(t) \\ y(t) = \boldsymbol{c}\boldsymbol{x}(t) \end{cases} \quad (5.59)$$

$$\begin{cases} x_1(t) = x^{(n-1)}(t) + a_n x^{(n-2)} + \cdots + a_2 x(t) \\ x_2(t) = x^{(n-2)}(t) + a_n x^{(n-3)} + \cdots + a_3 x(t) \\ \vdots \\ x_n(t) = x(t) \end{cases} \quad (5.58)$$

ただし，

$$\boldsymbol{A} = \begin{bmatrix} 0 & \cdots & 0 & -a_1 \\ 1 & \cdots & 0 & -a_2 \\ \vdots & \ddots & \vdots & \vdots \\ 0 & \cdots & 1 & -a_n \end{bmatrix}, \quad \boldsymbol{b} = \begin{bmatrix} b_1 \\ 0 \\ \vdots \\ 0 \end{bmatrix}, \quad \boldsymbol{c} = \begin{bmatrix} 0 & \cdots & 0 & 1 \end{bmatrix}$$

以上のように，状態変数表示は一意ではなく，状態変数の選び方により無数に存在する．

5.5 非線形システムの線形近似

現実問題におけるモデルは非線形微分方程式になる場合が少なくない．そこで，本節では以下の非線形システムを平衡点近傍で線形近似する手法を説明する．

$$\dot{x}(t) = g(x(t), u(t)), \quad x(0) = x_0 \quad (5.60)$$

ここで，$g(x, u)$ は非線形関数，u は制御入力を表す．

平衡点とは，$\dot{x}(t) = g(x(t), u(t)) = 0$ となる $x(t)$，$u(t)$ の状態のことであり，式(5.60)の平衡点を (x_e, u_e) とする．すなわち，$g(x_e, u_e) = 0$ として，(x_e, u_e) 回りで，非線形関数 $g(x, u)$ を次のようにテイラー展開する．

$$g(x(t), u(t)) = g_x(x_e, u_e)\,\tilde{x}(t) + g_u(x_e, u_e)\,\tilde{u}(t)$$
$$+ (2\text{次以上の高次項}) \quad (5.61)$$

ここで，g_x, g_u はそれぞれ x, u に関する g の偏微分を表し，$\tilde{x}(t) = x(t) - x_e$，$\tilde{u}(t) = u(t) - u_e$ である．

2次以上の高次項を無視して，式(5.60)，(5.61)より，$\tilde{x}$ についての次の線形方程式を得る

$$\dot{\tilde{x}}(t) = A\tilde{x}(t) + B\tilde{u}(t), \quad \tilde{x}(0) = x_0 - x_e \quad (5.62)$$

ただし，$A = g_x(x_e, u_e)$，$B = g_u(x_e, u_e)$ である．

5.6 状態方程式の解

本節では，以下の状態方程式の解の求め方について説明する．
$$\begin{cases} \dot{\boldsymbol{x}}(t) = \boldsymbol{A}\boldsymbol{x}(t) + \boldsymbol{b}u(t), \quad \boldsymbol{x}(0) = \boldsymbol{x}_0 \\ y(t) = \boldsymbol{c}\boldsymbol{x}(t) \end{cases} \tag{5.63}$$

まず，式(5.63)の両辺をラプラス変換して，次式を得る．
$$sX(s) - \boldsymbol{x}_0 = \boldsymbol{A}X(s) + \boldsymbol{b}U(s) \tag{5.64}$$
$$Y(s) = \boldsymbol{c}X(s) \tag{5.65}$$

ここで，$X(s) = \mathscr{L}[\boldsymbol{x}(t)]$，$Y(s) = \mathscr{L}[y(t)]$，$U(s) = \mathscr{L}[u(t)]$ である．式(5.64)より次式を得る．
$$X(s) = (sI - \boldsymbol{A})^{-1} \boldsymbol{x}_0 + (sI - \boldsymbol{A})^{-1} \boldsymbol{b}U(s) \tag{5.66}$$

式(5.66)の両辺を逆ラプラス変換して，次式を得る．
$$\boldsymbol{x}(t) = \mathscr{L}^{-1}[(sI - \boldsymbol{A})^{-1}] \boldsymbol{x}_0 + \mathscr{L}^{-1}[(sI - \boldsymbol{A})^{-1} \boldsymbol{b}U(s)] \tag{5.67}$$

ここで，
$$\begin{aligned} \mathscr{L}^{-1}[(sI - \boldsymbol{A})^{-1}] &= \mathscr{L}^{-1}\left[\frac{1}{s}\left(I + \frac{\boldsymbol{A}}{s} + \left(\frac{\boldsymbol{A}}{s}\right)^2 + \cdots\right)\right] \\ &= I + \boldsymbol{A}t + \frac{1}{2!}(\boldsymbol{A}t)^2 + \cdots \\ &\equiv e^{\boldsymbol{A}t} \end{aligned} \tag{5.68}$$

行列 $\boldsymbol{A}$ に対して $e^{\boldsymbol{A}t}$ は式(5.68)のように定義されると考える．$e^{\boldsymbol{A}t}$ は遷移行列，または基本行列と呼ばれる．

次に，ラプラス変換の性質 $\mathscr{L}^{-1}[G(s)V(s)] = \int_0^t g(t-\tau)v(\tau)d\tau$ において，$G(s) = (sI - \boldsymbol{A})^{-1}$，$V(s) = \boldsymbol{b}U(s)$ ととり，式(5.68)を用いて次式を得る．
$$\mathscr{L}^{-1}[(sI - \boldsymbol{A})^{-1} \boldsymbol{b}U(s)] = \int_0^t e^{\boldsymbol{A}(t-\tau)} \boldsymbol{b}u(\tau)d\tau \tag{5.69}$$

式(5.67)〜(5.69)より状態方程式(5.63)の解は次のように与えられる．
$$x(t) = e^{\boldsymbol{A}t}x_0 + \int_0^t e^{\boldsymbol{A}(t-\tau)} \boldsymbol{b}u(\tau)d\tau \tag{5.70}$$

ただし，$e^{\boldsymbol{A}t} = \mathscr{L}^{-1}[(sI - \boldsymbol{A})^{-1}]$ である．

また，出力 $y(t)$ は次のように求まる．

$$y(t) = \boldsymbol{c}\boldsymbol{x}(t) = \boldsymbol{c}e^{At}\boldsymbol{x}_0 + \boldsymbol{c}\int_0^t e^{A(t-\tau)} \boldsymbol{b}u(\tau)\,d\tau \qquad (5.71)$$

演 習 問 題

5.1 分布システムとしてモデル化される現象をあげよ．また，どのような場合に分布システムを集中システムとしてモデル化可能か具体例をあげて述べよ．

5.2 数学モデルを用いて制御系の設計や現象の解析を行う際の注意点をあげよ．

5.3 次の1次元波動の分布モデルを変数分離法により集中モデルで近似せよ．

$$\frac{\partial^2 u(t,x)}{\partial t^2} = c^2 \frac{\partial^2 u}{\partial x^2} \qquad 0<t<\infty, \qquad 0<x<1 \qquad (5.72)$$

初期条件 $u(0,x)=u_0(x)$, $\dot{u}(0,x)=u_1(x)$　　$0<x<1$ (5.73)

境界条件 $u(t,0)=u(t,1)=0$　　$0<t<\infty$ (5.74)

5.4 次の状態方程式を解け．

$$\dot{\boldsymbol{x}}(t) = \boldsymbol{A}\boldsymbol{x}(t) + \boldsymbol{b}u(t), \qquad \boldsymbol{x}(0) = \boldsymbol{x}_0 \qquad (5.75)$$

ただし，

$$\boldsymbol{A} = \begin{bmatrix} -2 & 1 \\ 0 & -3 \end{bmatrix}, \quad \boldsymbol{b} = \begin{bmatrix} 3 \\ -3 \end{bmatrix}, \quad \boldsymbol{x}_0 = \begin{bmatrix} 1 \\ 0 \end{bmatrix}, \quad u(t)=1 \qquad (5.76)$$

である．

参 考 文 献

1) 金子　晃：偏微分方程式入門，東京大学出版会(1998)
2) M. ブラウン(著)，一楽重雄ほか(訳)：微分方程式(上，下)，シュプリンガーフェラーク東京(2001)
3) 田中幹也，石川昌明，浪花智英：現代制御の基礎，森北出版(1998)

第6章 伝達関数とシステムの時間応答

本章では，対象システムを入力と出力を有する系としてとらえ，その入出力関係を表す伝達関数について述べる．簡単な入出力系の時間応答としてインパルス応答とインディシャル応答について述べ，また，入出力系を表現するブロック線図についても述べる．伝達関数とブロック線図は，制御工学を解説する式と図による言葉であり，その重要性は強調し過ぎることはなく，十分な理解が必要である．

6.1 伝達関数とインパルス応答

6.1.1 伝達関数の定義

制御工学では，考察対象を入力 $u(t)$ と出力 $y(t)$ をもった系，つまり入出力系とみなす．ここで，入力 $u(t)$ と出力 $y(t)$ は時間 t の関数である．このとき，系の伝達関数 $G(s)$ とは，s 領域での入出力の比で定義され次式(6.1)で与えられる．

$$G(s) = \frac{L[y(t)]}{L[u(t)]} = \frac{Y(s)}{U(s)} \tag{6.1}$$

ここで，入力と出力のラプラス変換で，初期値 $y(0), y'(0), \cdots, y^{(n)}(0)$，$u(0), u'(0), \cdots, u^{(m)}(0)$ $(n \geq m)$ は，すべて0の条件の下で行うこととする．ただし，$y'(t), y^{(n)}(t)$ などは $y(t)$ の1階微分，n 階微分を表す．入出力の，$u(t), y(t)$ は，一般に物体の変位，回転角，電流，電圧，温度，圧力などの物理量を表す．以下の例でみるように，多くの場合入出力の関係は微分方程式の形で与えられる．

簡単な例として，5.2.1項の図5.3で示した粘性減衰振動モデルを考える．この系においては，入力 $u(t)$ は外力 $f(t)$ で，出力 $y(t)$ は変位 $x(t)$ である．数学

表 6.1 基本的な伝達関数(s以外はすべて定数である)

比例要素	積分要素	微分要素	1次遅れ系	2次遅れ系
$G(s)=K$	$G(s)=\dfrac{K}{s}$	$G(s)=Ks$	$G(s)=\dfrac{K}{1+Ts}$	$G(s)=\dfrac{K\omega_n^2}{s^2+2\zeta\omega_n s+\omega_n^2}$

モデルは

$$mx''(t)+cx'(t)+kx(t)=f(t) \tag{6.2}$$

である．$x(0)=x'(0)=0$ の下でラプラス変換すると，伝達関数は

$$G(s)=\frac{Y(s)}{U(s)}=\frac{X(s)}{F(s)}=\frac{1}{ms^2+cs+k} \tag{6.3}$$

となる．式(6.3)は，分母が s の2次式となっていることより，2次遅れ系と呼ばれる．式(6.3)を変形すると，

$$G(s)=\frac{Y(s)}{U(s)}=\frac{1/m}{s^2+(c/m)s+k/m}=\frac{K\omega_n^2}{s^2+2\zeta\omega_n s+\omega_n^2} \tag{6.4}$$

となる．ここで，$\omega_n=\sqrt{k/m}$，$\zeta=c/(2\sqrt{km})$，$K=1/k$ である．ただし，ω_n は固有角周波数，ζ は減衰係数，K はプロセスゲインと呼ばれる．

基本的な伝達関数を表6.1にまとめる．一般の伝達関数はこれらの組合せで得られる．1次遅れ系，2次遅れ系という言葉に含まれる1次，2次という次数は，伝達関数の分母多項式の s の次数を表す．

6.1.2 インパルス応答

伝達関数 $G(s)$ が与えられたとき，入力 $U(s)$ がわかれば式(6.1)から出力のラプラス変換 $Y(s)$ は $G(s)U(s)$ として得られる．入力としてはあらゆる関数が想定されるが，実際上発生しやすい入力信号の一つとして，第2章で示したインパルス関数がある．インパルス関数 $\delta(t)$ を伝達関数 $G(s)$ の系に入力したときの出力をインパルス応答と呼ぶ．物理的には，対象としている系(例えば図5.3の系)に衝撃力を加えることに相当する．$L[\delta(t)]=1$ だから，インパルス応答の出力 $y(t)$ は次の式で与えられる．

$$y(t)=L^{-1}[Y(s)]=L^{-1}[G(s)] \tag{6.5}$$

さて，$g(t)=L^{-1}[G(s)]$ とおくとき，$g(t)$ を伝達関数 $G(s)$ に対する重み関数と呼ぶ．つまり，インパルス応答は重み関数と一致する．逆に，重み関数を用い

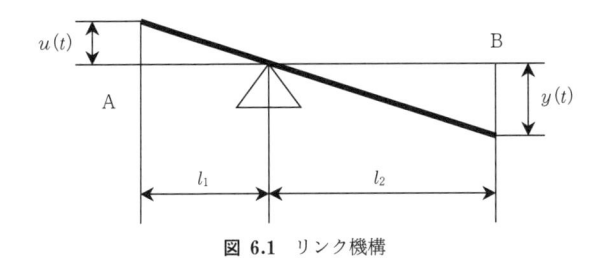

6.1 伝達関数とインパルス応答　　　　　　　　　　77

図 6.1 リンク機構

ると伝達関数の定義 $Y(s) = G(s)U(s)$ は，t 領域では $y(t) = (g*u)(t) = \int_0^t g(t-\tau)u(\tau)d\tau$ と表される．したがって，出力は入力と重み関数のたたみ込み積分であるといえる．以下，いくつかの系の例とともに，インパルス応答を具体的に求める．

【例 6.1】 比例要素の例とインパルス応答

図 6.1 のリンク機構において，入力および出力を A 点 B 点の各変位 $u(t)$，$y(t)$ とする．リンクの棒はたわまないとすると，$y(t) = (l_2/l_1)u(t)$ が成立する．定数 K を $K = l_2/l_1$ とおき，両辺をラプラス変換すると $Y(s) = KU(s)$ となる．したがって，伝達関数の定義式(6.1)から，

$$G(s) = Y(s)/U(s) = K \tag{6.6}$$

となり比例要素の伝達関数を表す．

次に，比例要素 $G(s) = K$ のインパルス応答を求める．逆ラプラス変換より，出力 $y(t)$ は

$$y(t) = L^{-1}[K] = K\delta(t) \tag{6.7}$$

となり，入力と同様にインパルス関数が出力される．ただし，式(6.7)の右辺は図 2.2 のパルス関数の K 倍 $K\varepsilon_n(t)$ に対応するインパルス関数である．

【例 6.2】 1 次遅れ系の例とインパルス応答

1 次遅れ系の例は多いが，ここでは図 6.2 の RC 回路を考える．入力および出力を各電圧 $e_i(t)$，$e_o(t)$ とする．キルヒホッフの法則より

$$e_i(t) = Ri(t) + e_o(t) \tag{6.8}$$

$$e_o(t) = \frac{1}{C}\int_0^t i(\tau)d\tau \tag{6.9}$$

が成立する．ここで，$i(t)$ は回路を流れる電流である．式(6.9)より，$i(t) =$

図 6.2 RC回路

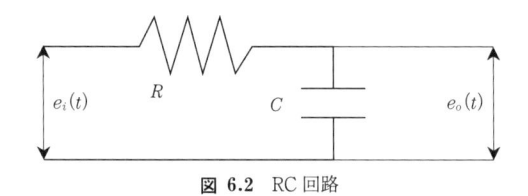

$Ce'_o(t)$ が成立し，これを式(6.8)に代入すると $RCe'_o(t)=e_i(t)-e_o(t)$ が成立する．定数 T を $T=CR$ とおき，$e_o(0)=0$ の条件の下で両辺をラプラス変換すると，$TsE_o(s)=E_i(s)-E_o(s)$ となる．したがって，伝達関数は，

$$G(s)=\frac{E_o(s)}{E_i(s)}=\frac{1}{1+Ts} \tag{6.10}$$

となり，表6.1の1次遅れ系の伝達関数を表す．ただし，ゲイン K は1である．また，T は時定数と呼ばれる．

次に，1次遅れ系 $G(s)=K/(1+Ts)$ のインパルス応答を求める．逆ラプラス変換より出力 $y(t)$ は

$$y(t)=L^{-1}\left[\frac{K}{1+Ts}\right]=L^{-1}\left[\frac{K/T}{s+(1/T)}\right]=\frac{K}{T}e^{-t/T} \tag{6.11}$$

となり，衝撃の影響は時間とともに指数関数的に単調に減衰することがわかる．

【例 6.3】 2次遅れ系のインパルス応答

5.2.1項の図5.3で示した粘性減衰振動モデルは，2次遅れ系の例である．2次遅れ系 $G(s)=K\omega_n^2/(s^2+2\zeta\omega_n+\omega_n^2)$ において，$0<\zeta<1$ の場合のインパルス応答を求める．式(2.22)を用いることができるように変形して，逆ラプラス変換することにより，出力 $y(t)$ は

$$y(t)=L^{-1}\left[\frac{K\omega_n^2}{s^2+2\zeta\omega_n s+\omega_n^2}\right]=KL^{-1}\left[\frac{\sqrt{1-\zeta^2}\omega_n\cdot\omega_n/\sqrt{1-\zeta^2}}{(s+\zeta\omega_n)^2+(1-\zeta^2)\omega_n^2}\right]$$
$$=K\frac{\omega_n}{\sqrt{1-\zeta^2}}e^{-\zeta\omega_n t}\sin(\sqrt{1-\zeta^2}\omega_n t) \tag{6.12}$$

となる．$0<\zeta<1$ のとき，衝撃の影響は時間とともに角周波数 $\sqrt{1-\zeta^2}\omega_n$ で振動しながら減衰することがわかる．

6.2 伝達関数とインディシャル応答

基本的な伝達関数をもつ系において，基本的な入力に対する時間応答を調べて

おくことは大変重要である．例えば，伝達関数が未知の系に対して，基本的な入力を与えたときの応答をみれば，伝達関数を推定することができる．基本的な入力の応答としては，前節で述べたインパルス関数に対するインパルス応答がある．ここでは，基本的な入力 $u(t)$ として，2.1節の例2.1で示した大きさ $1(t \geq 0)$ の単位階段関数（単位ステップ関数）を考える．一般の伝達関数 $G(s)$ に対して，入力 $u(t)$ として単位ステップ関数を与えたときの応答を単位ステップ応答またはインディシャル応答と呼ぶ．$L[u(t)] = L[1] = 1/s$ よりインディシャル応答は

$$y(t) = L^{-1}[G(s)/s] \tag{6.13}$$

となる．このとき，出力 $y(t)$ の基本特性指標として，行き過ぎ量，整定時間，立ち上がり時間などがある．行き過ぎ量とは，応答が定常値 $\lim_{t \to \infty} y(t)$ を超えた後の最大値と定常値との差であり，整定時間とは，応答が定常値の $\pm 5\%$ （または $\pm 2\%$）の範囲内に入り，それ以後はこの範囲から出なくなるまでの時間である．また，立ち上がり時間とは応答が定常値の 10% から 90% まで達するのに要する時間のことをいう．これらの基本特性指標については，第10章で詳説される．

【例 6.4】 1次遅れ系のインディシャル応答

1次遅れ系の伝達関数は，$G(s) = K/(1 + Ts)$ で与えられるので，出力 $y(t)$ は逆ラプラス変換より

$$y(t) = L^{-1}\left[\frac{K}{1+Ts}\frac{1}{s}\right] = KL^{-1}\left[\frac{1}{s} - \frac{T}{1+Ts}\right] = K(1 - e^{-t/T}) \tag{6.14}$$

となる．図6.3に，ゲイン K を1とし時定数 T をパラメータとした出力 $y(t)$ を示す．時定数とは，応答の速さの指標であり，式(6.14)より $y(\infty) = K$, $y(T) = 0.632K$ であるから，定常値の約 63% まで変化するのに要する時間である

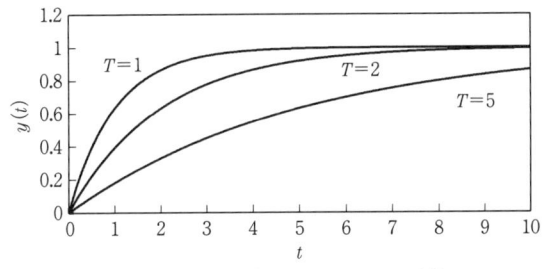

図 6.3 1次遅れ系のインディシャル応答

といえる.また,K をプロセスゲインと呼び,入力と出力の定常比を表す.さらに,式(6.14)から $y'(0)=K/T$ であるから,$t=0$ における応答 $y(t)$ の接線の式は $y=(K/T)t$ となる.したがって,$t=0$ における出力 $y(t)$ の接線が定常値 $y(\infty)=K$ と交わる時刻が時定数であるともいえる.また,式(6.14)から $y(2T)=0.865K$,$y(3T)=0.95K$ となり,整定時間は $3T$ であることがわかる.さらに,1次遅れ系の行き過ぎ量は 0 であることも式(6.14)からわかる.

【例 6.5】 2次遅れ系のインディシャル応答

2次遅れ系 $G(s)=K\omega_n^2/(s^2+2\zeta\omega_n s+\omega_n^2)$ のインディシャル応答は,次のように三つの場合に分けて求められる.ここで,減衰係数は $0\le\zeta$ とする.

(1) $0\le\zeta<1$ のとき

出力 $y(t)$ は,部分分数に分けることより

$$\begin{aligned}
y(t) &= L^{-1}\left[\frac{K\omega_n^2}{s^2+2\zeta\omega_n s+\omega_n^2}\cdot\frac{1}{s}\right] = KL^{-1}\left[\frac{-s-2\zeta\omega_n}{s^2+2\zeta\omega_n s+\omega_n^2}+\frac{1}{s}\right] \\
&= KL^{-1}\Biggl[\frac{1}{s}+\frac{-(s+\zeta\omega_n)}{(s+\zeta\omega_n)^2+(1-\zeta^2)\omega_n^2} \\
&\qquad +\frac{-\zeta\omega_n/(\sqrt{1-\zeta^2}\omega_n)\cdot\sqrt{1-\zeta^2}\omega_n}{(s+\zeta\omega_n)^2+(1-\zeta^2)\omega_n^2}\Biggr] \\
&= K\left\{1-e^{-\zeta\omega_n t}\left(\cos(\sqrt{1-\zeta^2}\omega_n t)+\frac{\zeta}{\sqrt{1-\zeta^2}}\sin(\sqrt{1-\zeta^2}\omega_n t)\right)\right\}
\end{aligned} \tag{6.15}$$

となる.特に,$\zeta=0$ のときは,次のようになる.

$$y(t)=K(1-\cos(\omega_n t)) \tag{6.16}$$

(2) $\zeta=1$ のとき

出力 $y(t)$ は,

$$\begin{aligned}
y(t) &= L^{-1}\left[\frac{K\omega_n^2}{(s+\omega_n)^2}\frac{1}{s}\right] = KL^{-1}\left[\frac{1}{s}-\frac{\omega_n}{(s+\omega_n)^2}-\frac{1}{s+\omega_n}\right] \\
&= K\cdot(1-(1+\omega_n t)e^{-\omega_n t})
\end{aligned} \tag{6.17}$$

となる.

(3) $1<\zeta$ のとき

出力 $y(t)$ は,次のようになる.

$$y(t) = L^{-1}\left[\frac{K\omega_n^2}{s^2+2\zeta\omega_n s+\omega_n^2}\frac{1}{s}\right]$$

$$= KL^{-1}\left[\frac{1}{s}+\frac{(-\zeta-\sqrt{\zeta^2-1})/(2\sqrt{\zeta^2-1})}{s-(-\zeta\omega_n+\sqrt{\zeta^2-1}\omega_n)}\right.$$

$$\left.+\frac{(\zeta-\sqrt{\zeta^2-1})/(2\sqrt{\zeta^2-1})}{s-(-\zeta\omega_n-\sqrt{\zeta^2-1}\omega_n)}\right]$$

$$= K\left\{1+\frac{1}{2}\cdot\frac{e^{-\zeta\omega_n t}}{\sqrt{\zeta^2-1}}(-(\zeta+\sqrt{\zeta^2-1})e^{\omega_n\sqrt{\zeta^2-1}\,t}\right.$$

$$\left.+(\zeta-\sqrt{\zeta^2-1})e^{-\omega_n\sqrt{\zeta^2-1}\,t})\right\} \tag{6.18}$$

横軸を $\omega_n t$，縦軸をインディシャル応答 $y(t)$ とした図を，減衰係数 ζ をパラメータとして図6.4に示す．ただし，ゲイン K は1としている．

図6.4より，減衰係数 ζ が $0<\zeta<1$ のときは，応答は角周波数 $\sqrt{1-\zeta^2}\,\omega_n$ で振動しながら定常値 $y(\infty)=K$ に収束する減衰振動を示している．式(6.15)からもわかるように，応答の振幅は指数関数状に減衰する．特に，減衰係数 $\zeta=0$ がなりたつときは，式(6.16)より減衰することなく，いつまでも角周波数 ω_n の振動を続ける持続振動となる．したがって，ω_n は固有角周波数と呼ばれる．減衰係数 ζ が1に近づくにつれて振動の振幅は小さくなり，減衰係数 $\zeta\geq 1$ のとき式(6.17)，(6.18)より振動現象はみられなくなる．減衰係数が $\zeta=1$ のときを振動現象が起こる境界という意味で，出力 $y(t)$ は臨界減衰状態と呼ばれる．さらに，減衰係数が $\zeta>1$ のときは，過減衰の状態と呼ばれる．

特に，減衰係数 ζ が $0<\zeta<1$ のときの応答は興味深い．式(6.15)において

$$\omega_d = \sqrt{1-\zeta^2}\,\omega_n \qquad \delta = \tan^{-1}(\sqrt{1-\zeta^2}/\zeta) \tag{6.19}$$

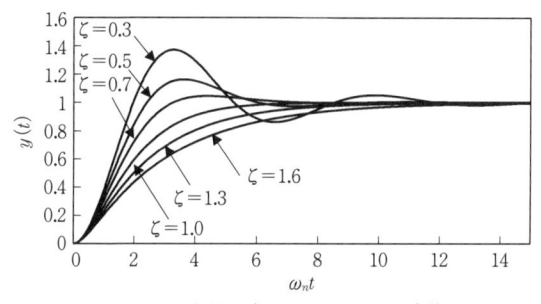

図 6.4 2次遅れ系のインディシャル応答

とおいて ω_d と δ を導入すると，減衰振動 $y(t)$ は次のように表される．

$$y(t) = K\left\{1 - \frac{1}{\sqrt{1-\zeta^2}} e^{-\zeta\omega_n t} \sin(\omega_d t + \delta)\right\} \tag{6.20}$$

さらに，式(6.20)より出力 $y(t)$ の導関数は

$$\frac{dy(t)}{dt} = K \frac{e^{-\zeta\omega_n t}}{\sqrt{1-\zeta^2}} \omega_n \sin(\omega_d t) \tag{6.21}$$

となる．$dy(t)/dt=0$ とおくことにより，n を正の整数として時刻 $t = n\pi/\omega_d$ で減衰振動の極値をとることがわかる．したがって，減衰振動の最初のピーク値を与える時刻である行き過ぎ時間 t_p は $n=1$ として $t_p = \pi/\omega_d$ となる．さらに，最初のピーク値は，

$$y(t_p) = K\left(1 + e^{-\frac{\zeta}{\sqrt{1-\zeta^2}}\pi}\right) \tag{6.22}$$

となり，行き過ぎ量(オーバシュート)$p_m = y(t_p) - y(\infty)$ は，

$$p_m = K \cdot e^{-\frac{\zeta}{\sqrt{1-\zeta^2}}\pi} \tag{6.23}$$

と求まる．

前節および本節で述べたインパルス応答やインディシャル応答は，入力が与えられてから，十分時間が経過するまでの出力の特性をみている．この特性を過渡特性と呼ぶ．

さて，1入力1出力の線形システムは，$a_i(i=1,2,\cdots,n)$，$b_j(j=1,2,\cdots,m)$ を定数として，一般に次の微分方程式で表される．

$$a_n y^{(n)}(t) + a_{n-1} y^{(n-1)}(t) + \cdots + a_1 y^{(1)}(t) + a_0 y(t)$$
$$= b_m u^{(m)}(t) + b_{m-1} u^{(m-1)}(t) + \cdots + b_1 u^{(1)}(t) + b_0 u(t) \tag{6.24}$$

ただし，$y^{(n-1)}(0) = \cdots = y^{(1)}(0) = y(0) = u^{(m-1)}(0) = \cdots = u^{(1)}(0) = u(0) = 0$ である．このとき，伝達関数を求めると，

$$G(s) = \frac{Y(s)}{U(s)} = \frac{b_m s^m + b_{m-1} s^{m-1} + \cdots + b_1 s + b_0}{a_n s^n + a_{n-1} s^{n-1} + \cdots + a_1 s + a_0} \tag{6.25}$$

となる．ここで，一般に $n \geq m$ であり，$n > m$ のとき厳密にプロパー(strict proper)な伝達関数，また，$n \geq m$ のときプロパーな伝達関数と呼ぶ．物理的な因果則は，入力に対する出力の動特性を求めることなので，$n \geq m$ であることが前提であり，制御工学では $n \geq m$ の場合を取り扱う．

なお，伝達関数 $G(s)$ において，分母多項式の s の次数が3以上の高次系については，1次遅れ系，2次遅れ系の合成系としてみなすことができるので，本章

では省略する.

6.3 ブロック線図とその等価変換

入出力の関係は,式による表現より図に表したほうが簡潔で理解しやすいことも多い.そこで,入力信号 $U(s)$ が伝達関数 $G(s)$ を通して,出力信号 $Y(s)$ に変換されるようすを図 6.5 のように示す.信号の流れを矢印のついた線で表し,ブロックの中には伝達関数を書き込んだ図である.これを,ブロックと呼ぶ.矢印のついた線上の信号は s 領域で表された信号である.

一般に,一つのブロックを一つのシステムとみなすことができるが,制御系を考察する場合には,多くのブロックが組み合わされて,大きな一つのシステムとなる.いくつかのブロックを矢印の線で結んだものをブロック線図と呼ぶ.ブロック線図は,ブロック,信号引き出し点および信号加え合わせ点から構成される.なお,信号引き出し点とは,同一の信号が二つ以上に分岐して伝達される点である.また,信号加え合わせ点とは,小円で表され信号が合流する点であり,加算のときは+記号を,減算のときは-記号を矢印のところに並記して表す.

ブロック線図の基本的な接続の形式は,並列接続,直列接続,正または負のフィードバック接続の三つがある.一般に,ブロック線図はそれぞれの接続形式に信号引き出し点,信号加え合わせ点が挿入された複雑なものとなっている.与えられた複雑なブロック線図を系全体の入出力の関係を変えることなく,簡単な形のブロック線図にまとめていく(等価変換)ことは非常に重要である.まず,三つの接続の等価変換について述べる.

並列接続の場合は,各伝達関数の和が系全体の伝達関数となる.なぜならば,図 6.6 より $Y_1(s) + Y_2(s) = G_1(s) U(s) + G_2(s) U(s) = (G_1(s) + G_2(s)) U(s)$ が成立し,全体の伝達関数は $G(s) = G_1(s) + G_2(s)$ となる.同様に,直列接続の場合は,各伝達関数の積が系全体の伝達関数となる.図 6.7 より $Z(s) = G_2(s)$

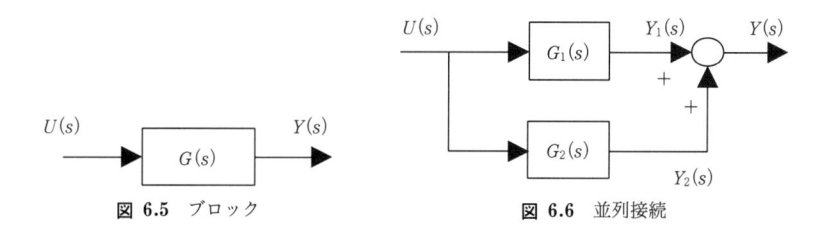

図 6.5 ブロック

図 6.6 並列接続

図 6.7 直列接続

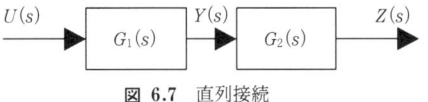

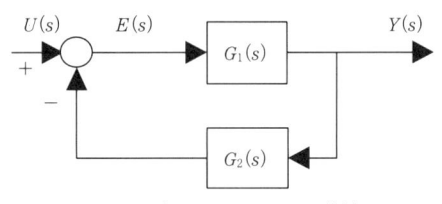

図 6.8 負のフィードバック接続

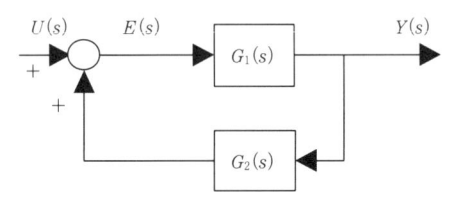

図 6.9 正のフィードバック接続

$Y(s) = G_2(s) \, G_1(s) \, U(s)$ が成立し，全体の伝達関数は $G(s) = G_2(s) \, G_1(s)$ となる．さらに，フィードバック接続の負の場合を考える．図 6.8 に示すように新しい変数 $E(s)$ を用いて，以下の式を得る．

$$E(s) = U(s) - Y(s) \, G_2(s) \qquad Y(s) = G_1(s) \, E(s) \tag{6.26}$$

式 (6.26) より $E(s)$ を消去すれば，全体の伝達関数 $G(s)$ は次式のようになる．

$$G(s) = \frac{Y(s)}{U(s)} = \frac{G_1(s)}{1 + G_1(s) \, G_2(s)} \tag{6.27}$$

この式 (6.27) は，非常によく用いられる式である．正のフィードバックの場合（図 6.9）には，負のフィードバックの場合の $G_2(s)$ を $-G_2(s)$ とすればよく，全体の伝達関数は，次のようになる．

$$G(s) = \frac{Y(s)}{U(s)} = \frac{G_1(s)}{1 - G_1(s) \, G_2(s)} \tag{6.28}$$

さらに，ブロック線図を簡単化するには，信号引出し点と信号加え合わせ点を等価的に移動させることが不可欠である．図 6.10 から図 6.12 に等価変換の例を示す．

6.3 ブロック線図とその等価変換

図 6.10 加え合わせ点の移動

図 6.11 引き出し点の移動

図 6.12 加え合わせ点の順序

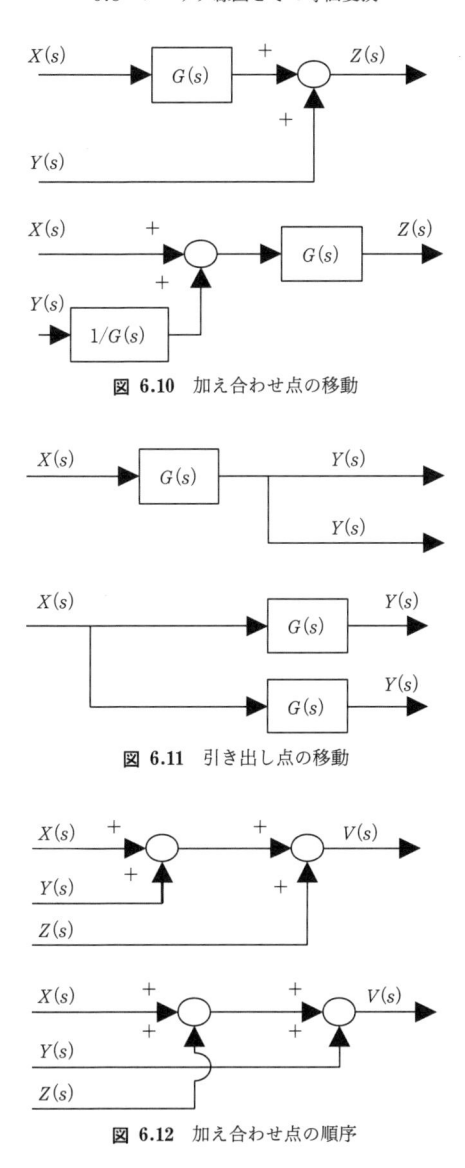

【例 6.6】 図 6.13 のブロック線図を等価的に変換して，系全体の伝達関数 $\dfrac{Y(s)}{U(s)}$ を求める．

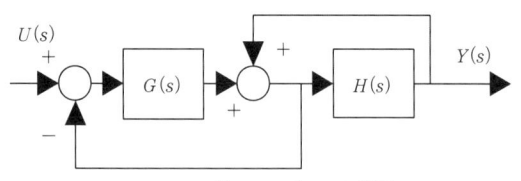

図 6.13 例 6.6 のブロック線図

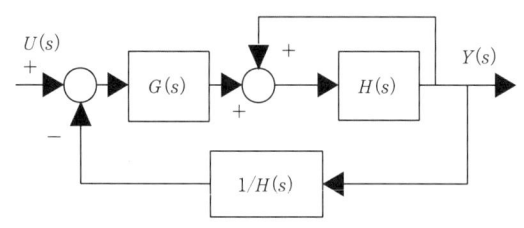

図 6.14 例 6.6 の等価変換後のブロック線図

伝達関数 $H(s)$ の前の信号引出し点を $H(s)$ の出力側へ移動させると図 6.14 のようになる．

伝達関数 $H(s)$ の部分は正のフィードバックであり，まとめると $H(s)/(1-H(s))$ となる．したがって，系全体の伝達関数は負のフィードバックなので式 (6.26) を用いると次のようになる．

$$\frac{Y(s)}{U(s)} = \frac{G(s)\dfrac{H(s)}{1-H(s)}}{1+G(s)\dfrac{H(s)}{1-H(s)}\dfrac{1}{H(s)}} = \frac{G(s)H(s)}{1+G(s)-H(s)} \tag{6.29}$$

コラム　　制御工学は何工学？　キーワードは伝達関数

　制御工学の考え方は，伝達関数を基礎に考えます．そこで，同じ伝達関数(例えば，2 次遅れ系)で表された入出力系は，実対象が機械工学分野，電気工学分野，化学分野，土木建設分野などにかかわらず，伝達関数に基づく考察，解析，設計を同じように適用することができます．伝達関数による表現のメリットは，ここにあります．伝達関数とは考察対象がもつ即物的で雑多な情報から，その本質のみを抽出したものであるといえます．したがって，制御工学は機械工学でもなく電気工学でもなく，伝達関数をキーワードとする横断的総合的工学なのです．

演習問題

6.1 次の電気回路において，電圧 $v_i(t)$ を入力，電圧 $v_o(t)$ を出力としたときの，伝達関数を求めよ．

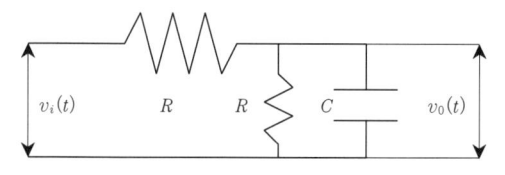

6.2 次のブロック線図において，系全体の伝達関数 $\dfrac{Y(s)}{U(s)}$ を求めよ．

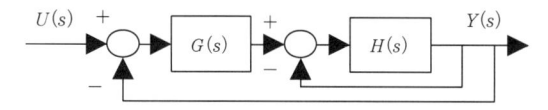

参考文献

1) 柴田　浩，藤井知生，池田義弘：制御工学の基礎，朝倉書店(1994)
2) 得丸英勝編著：最新機械工学シリーズ20　自動制御，森北出版(2001)
3) 明石　一：制御工学増訂版，共立出版(1991)
4) 片山　徹：フィードバック制御の基礎，朝倉書店(1987)

第7章
システムの周波数応答

システムの時間的な振る舞いを周波数の世界(周波数領域)に変換してから眺めてみよう。このために、周波数伝達関数を導入する。これは、正弦波入力とその出力との関係を与える数学的表現である。正弦波としてさまざまな周波数について考えるので、周波数伝達関数は周波数の関数となる。現在でも、フィードバック制御系の解析、設計にとって不可欠な概念であり、有効な数学的手段である。この章では、周波数応答の概念について述べ、続いて、周波数応答のグラフ表現であるボード線図とベクトル軌跡を説明する。

7.1 周波数伝達関数

伝達関数 $G(s)$ で表される安定なシステムに、周波数 ω_0 の正弦波入力

$$u(t) = \sin \omega_0 t \tag{7.1}$$

を加えると、十分長い時間がたった後、すなわち、定常状態において出力は、

$$y(t) = |G(j\omega_0)| \sin\{\omega_0 t + \angle G(j\omega_0)\} \tag{7.2}$$

となる。このように、出力は入力と同じ周波数 ω_0 をもつ正弦波になる。ただし、その振幅は $|G(j\omega_0)|$ 倍され、位相は $\angle G(j\omega_0)$ だけ進む。$|G(j\omega_0)|$ を周波数 ω_0 におけるゲイン、$\angle G(j\omega_0)$ を位相角と呼ぶ。例えば、$G(s) = 1/(1+5s)$ のとき、$\omega_0 = 0.1$, $1\,\mathrm{rad/s}$ のそれぞれの場合の入出力波形を図7.1に示す。

このように、ω_0 をさまざまな値に変化させたときの入力 $u(t)$ と、出力 $y(t)$ の伝達関数 $G(j\omega)$ $(0 < \omega < \infty)$ を周波数伝達関数、あるいは周波数応答と呼ぶ。これは、伝達関数 $G(s)$ において $s = j\omega$ とおいて得られるものにほかならない。$|G(j\omega)|$ をゲイン特性(あるいは振幅特性)、$\angle G(j\omega)$ を位相特性と呼ぶ。

ここで、式(7.1)から式(7.2)を導出しておく。入力 $u(t)$, 出力 $y(t)$ のラプラス変換をそれぞれ $U(s)$, $Y(s)$ とおく。いま、定常状態を考えるので、

7.2 ボード線図

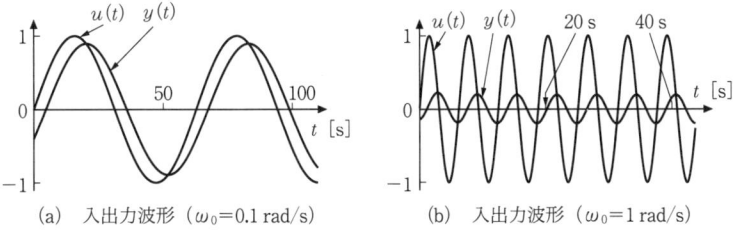

(a) 入出力波形 ($\omega_0=0.1$ rad/s) (b) 入出力波形 ($\omega_0=1$ rad/s)

図 7.1 入出力関係 ($G(s)=1/(1+5s)$)

$$Y(s) = G(s)\,U(s) = G(s)\frac{\omega_0}{s^2+\omega_0^2} = \frac{K_1}{s+j\omega_0} + \frac{K_2}{s-j\omega_0} \tag{7.3}$$

が得られる．ただし，

$$K_1 = \left[(s+j\omega_0)\,G(s)\frac{\omega_0}{s^2+\omega_0^2}\right]_{s=-j\omega_0} = \frac{G(-j\omega_0)}{-2j}$$

$$K_2 = \left[(s-j\omega_0)\,G(s)\frac{\omega_0}{s^2+\omega_0^2}\right]_{s=j\omega_0} = \frac{G(j\omega_0)}{2j}$$

である．$G(j\omega_0)$ と $G(-j\omega_0)$ が互いに共役な複素数であることに注意すれば，

$$Y(s) = \frac{K_1}{s+j\omega_0} + \frac{K_2}{s-j\omega_0} = \frac{j}{2}\left[\frac{G(-j\omega_0)}{s+j\omega_0} - \frac{G(j\omega_0)}{s-j\omega_0}\right]$$

$$= \frac{1}{s^2+\omega_0^2}\left[\omega_0\frac{G(j\omega_0)+G(-j\omega_0)}{2} - js\frac{G(j\omega_0)-G(-j\omega_0)}{2}\right]$$

$$= \frac{1}{s^2+\omega_0^2}\{\omega_0\mathrm{Re}[G(j\omega_0)] + s\mathrm{Im}[G(j\omega_0)]\} \tag{7.4}$$

となり，これを逆ラプラス変換すれば，

$$y(t) = \mathrm{Re}[G(j\omega_0)]\sin\omega_0 t + \mathrm{Im}[G(j\omega_0)]\cos\omega_0 t \tag{7.5}$$

となる．ここで，$\alpha\sin\theta + \beta\cos\theta = \sqrt{\alpha^2+\beta^2}\sin(\theta+\tan^{-1}(\beta/\alpha))$ の公式を用いると，式(7.2)が得られる．ただし，以下の関係を用いる．

$$|G(j\omega_0)| = \sqrt{\{\mathrm{Re}[G(j\omega_0)]\}^2 + \{\mathrm{Im}[G(j\omega_0)]\}^2}$$

$$\angle G(j\omega_0) = \tan^{-1}\frac{\mathrm{Im}[G(j\omega_0)]}{\mathrm{Re}[G(j\omega_0)]}$$

7.2 ボード線図

周波数伝達関数 $G(j\omega)$ のゲイン特性 $|G(j\omega)|$ と位相特性 $\angle G(j\omega)$ を，周波数 ω の関数として別々のグラフに図示したものをボード線図という．横軸に周波数

ω を対数目盛でとり，縦軸にゲインの対数量 $g(\omega)=20\log_{10}|G(j\omega)|$ [dB] で表したものをゲイン曲線，また，別のグラフの縦軸に位相角を $\phi(\omega)=\angle G(j\omega)$ [°] として表したものを位相曲線と呼ぶ．ボード線図は，広い範囲で詳細な特性を表すことができることから，フィードバック制御系の解析や設計において広く用いられている．

7.2.1 積分要素と微分要素

積分要素 $G(s)=1/(Ts)$ に対して $s=j\omega$ とおくことで，周波数伝達関数は，

$$G(j\omega)=\frac{1}{j\omega T}=-j\frac{1}{\omega T} \tag{7.6}$$

となる．このとき，ゲイン特性と位相特性は以下のように求まる．

$$\begin{cases} g(\omega)=20\log_{10}|G(j\omega)|=20\log_{10}\frac{1}{\omega T}=-20\log_{10}\omega T \\ \phi(\omega)=\angle G(j\omega)=\tan^{-1}\left(\frac{-1/(\omega T)}{0}\right)=\tan^{-1}(-\infty)=-90° \end{cases} \tag{7.7}$$

つまり，ゲイン $g(\omega)$ は，$\omega T=1$ のとき 0 であり，ω が 10 倍されるとき 20 dB だけ減少する．通常，ゲイン特性の直線の傾きを表すために，[dB/dec]（デシベル/デカード）という単位を用いる．よって，積分要素のゲイン特性の傾きは -20 dB/dec であるといえる．一方，位相 $\phi(\omega)$ は，全体にわたって $-90°$ である．$T=1$ とした場合のボード線図を図 7.2(a) に実線で示す．

一方，微分要素 $G(s)=Ts$ に対する周波数伝達関数は，

$$G(j\omega)=j\omega T \tag{7.8}$$

となる．このとき，ゲイン特性と位相特性は以下のように求まる．

$$\begin{cases} g(\omega)=20\log_{10}\omega T \\ \phi(\omega)=\angle G(j\omega)=\tan^{-1}\left(\frac{\omega T}{0}\right)=\tan^{-1}(\infty)=90° \end{cases} \tag{7.9}$$

つまり，ゲイン $g(\omega)$ は，$\omega T=1$ のとき 0 で，傾きは 20 dB/dec である．また，位相 $\phi(\omega)$ は，全体にわたって 90° である．$T=1$ とした場合のボード線図を図 7.2(a) に破線で示す．

7.2 ボード線図

(a) 積分要素(実線)と微分要素(破線)　　(b) 1次遅れ要素(実線)と2次遅れ要素(破線)

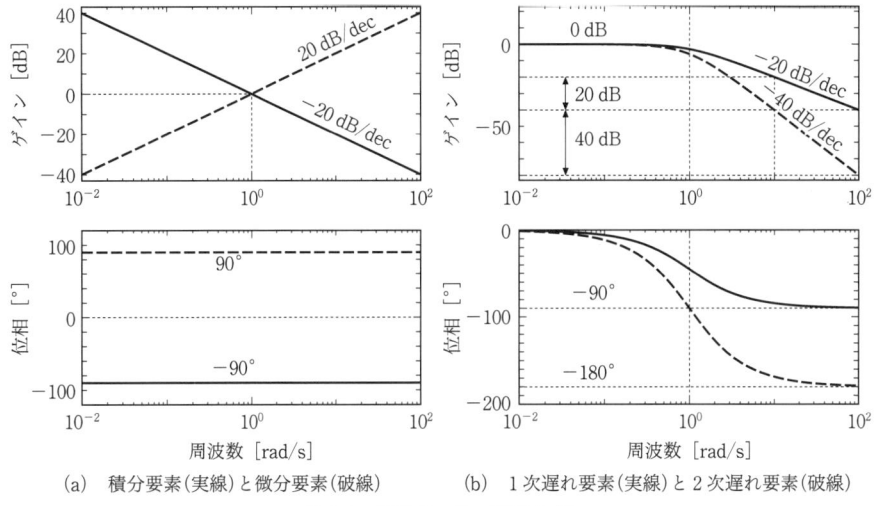

図 7.2 各要素のボード線図 (1)

7.2.2 1次遅れ要素

1次遅れ要素 $G(s)=1/(1+Ts)$ に対する周波数伝達関数は，

$$G(j\omega)=\frac{1}{1+j\omega T}=\frac{1-j\omega T}{1+(\omega T)^2} \tag{7.10}$$

となる．T を時定数と呼ぶ．このとき，ゲイン特性と位相特性は以下のように求まる．

$$\begin{cases} g(\omega)=20\log_{10}\dfrac{1}{\sqrt{1+(\omega T)^2}}=-20\log_{10}\sqrt{1+(\omega T)^2} \\ \phi(\omega)=-\tan^{-1}(\omega T) \end{cases} \tag{7.11}$$

これより，$\omega T \ll 1$ のときには，$g(\omega)=-20\log_{10}1=0$ dB となり，ω に関係なく一定値となる．逆に，$\omega T \gg 1$ のときには，$g(\omega)=-20\log_{10}(\omega T)$ となり，-20 dB/dec の傾きとなる．一方，位相角 $\phi(\omega)$ は，$\omega\to0$ のとき $0°$ となり，$\omega\to\infty$ のとき $-90°$ となる．また，$\omega T=1$ のとき $-45°$ となる．$T=1$ とした場合のボード線図を図 7.2(b) に実線で示す．

7.2.3 2次遅れ要素

2次遅れ要素 $G(s) = \omega_n^2/(s^2 + 2\zeta\omega_n s + \omega_n^2)$ に対する周波数伝達関数は，

$$G(j\omega) = \frac{\omega_n^2}{(\omega_n^2 - \omega^2) + j2\zeta\omega_n\omega} = \frac{1}{(1-(\omega/\omega_n)^2) + j2\zeta(\omega/\omega_n)} \quad (7.12)$$

となる．ω_n を固有角周波数，ζ を減衰係数と呼ぶ．このとき，ゲイン特性と位相特性は以下のように求まる．

$$\begin{cases} g(\omega) = -20\log_{10}\sqrt{(1-(\omega/\omega_n)^2)^2 + (2\zeta(\omega/\omega_n))^2} \\ \phi(\omega) = -\tan^{-1}\dfrac{2\zeta(\omega/\omega_n)}{1-(\omega/\omega_n)^2} \end{cases} \quad (7.13)$$

$\omega_n=1$，$\zeta=1$ とした場合のボード線図を図7.2(b)に破線で示す．周波数が増加するにつれて，ゲイン曲線は 0 dB の直線から -40 dB/dec の傾きに，位相曲線は $0°$ から $-180°$ に変化する．また，減衰係数 ζ の変化に対するボード線図を図7.3(a)に示す．ζ が小さいとき固有周波数 ω_n のゲインにピークが現れる．

2次遅れ要素の例として，5章図5.3の自動車のショックアブソーバがある．式(5.4)を初期値 0 の下でラプラス変換して，$\omega_n=\sqrt{k/m}$，$\zeta=c/(2\sqrt{mk})$ とおくと，2次遅れ要素の伝達関数となる．ただし，分子の係数は異なるが，ゲイン曲線の形状は同じであることに注意する．いま，自動車が走行する道路として，

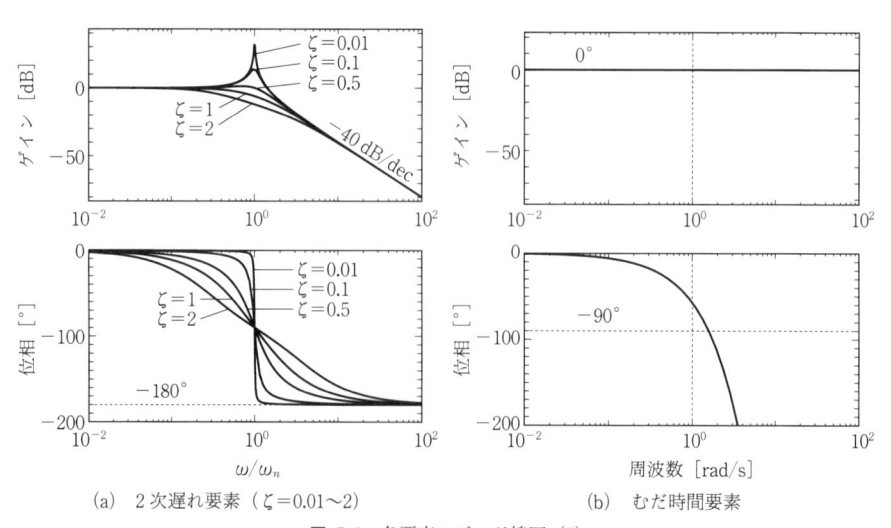

(a) 2次遅れ要素（$\zeta=0.01\sim 2$）　　(b) むだ時間要素

図 7.3 各要素のボード線図 (2)

① 細かいでこぼこ道と ② ゆっくりとしたでこぼこ道を考える．でこぼこ道から受ける力は外乱 $f(t)=\sin\omega t$ と考えることができ，①は ω が大きいことに，②は ω が小さいことに対応する．ζ が小さく，$f(t)$ に $\omega=\omega_n$ の成分が含まれると，その成分の振動が増幅されるため，乗り心地が悪くなってしまう．そこで，自動車の振動をやわらげるためには，車体重量 m に合わせて，バネ，ダンパ係数 k, c を調整して，ゲイン特性に現れるピークを抑える必要がある．方法として，望ましいバネ，ダンパ係数を持つアブソーバを使う方法（パッシブ制御）のほか，路面の状況に合わせて，バネ，ダンパ係数を油圧や空気圧の力によって変化させる方法（アクティブ制御）などがある．

7.2.4 むだ時間要素

むだ時間 L のむだ時間要素 $G(s)=e^{-sL}$ に対する周波数伝達関数は，
$$G(j\omega)=e^{-j\omega L}=\cos\omega L-j\sin\omega L \tag{7.14}$$
となる．このとき，ゲイン特性と位相特性は以下のように求まる．
$$\begin{cases} g(\omega)=-20\log_{10}\sqrt{(\cos\omega L)^2+(\sin\omega L)^2}=0\,\mathrm{dB} \\ \phi(\omega)=\tan^{-1}(-\sin\omega L/\cos\omega L)=-\omega L\times(180/\pi)\ [°] \end{cases} \tag{7.15}$$
$L=1$ とした場合のボード線図を図 7.3(b) に示す．ゲインは常に 0 dB であり，位相は ω に比例して遅れる．

7.2.5 ボード線図の折線近似

ゲイン曲線は折線で近似できることが多い．いま，1次遅れ要素 $G(s)=1/(1+Ts)$ を例に考える．$\omega T\leq 1$ では $g(\omega)=0$ の直線で，$\omega T>1$ では $g(\omega)=-20\log_{10}(\omega T)$ なる直線で近似すれば，ゲイン曲線の折線近似は図 7.4(a) のようになる．このように，1次遅れ要素は，二つの直線で近似できることがわかる．折線の角にあたる周波数 ω を折点周波数と呼び，この場合は $1/T$ [rad/s] である．

$\omega=0$ における一定ゲインから 3 dB だけ下がった周波数を帯域幅，あるいはバンド幅と呼ぶ．図 7.4(b) に示すように，$G_1(s)=1/(1+Ts)$ の帯域幅は $1/T$ [rad/s] であり，$G_2(s)=1/(1+0.1Ts)$ のそれは $10/T$ [rad/s] であり，どち

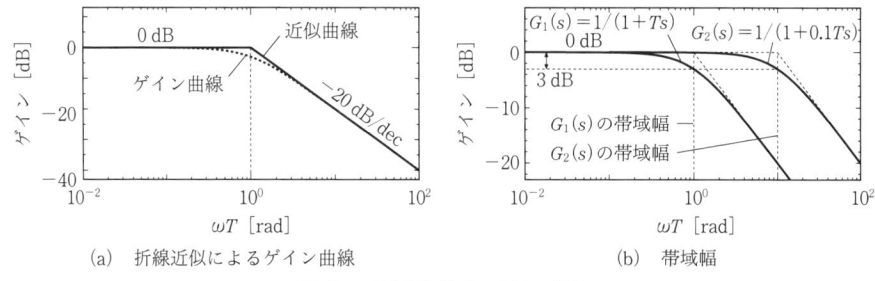

図 7.4 1次遅れ要素のゲイン特性

(a) 折線近似によるゲイン曲線　(b) 帯域幅

らの場合も帯域幅と折点周波数は一致する．帯域幅はシステムの速応性の尺度となる．いま，ステップ入力を1次遅れ要素に加える．ステップ入力にはいろいろな周波数成分を含んでいるが，帯域幅以下の周波数成分は出力応答に現れ，帯域幅以上の周波数成分は，周波数が大きくなるにつれて多くカットされて出力応答に現れない．いいかえれば，帯域幅が小さいほど，早く立ち上がる成分が出力応答に現れないため，速応性が悪くなる．速応性がよいとは帯域幅が大きいことである．また，時定数でいえば，時定数が小さいほど速応性はよい．よって，$G_1(s)$ より $G_2(s)$ のほうが速応性はよい．

7.2.6 ボード線図の合成

N 個の伝達関数 $G_1(s), \cdots, G_N(s)$ の直列接続を考える．複素数を，$G_1(j\omega) = |G_1(j\omega)|e^{\angle G_1(j\omega)}, \cdots, G_N(j\omega) = |G_N(j\omega)|e^{\angle G_N(j\omega)}$ のように，オイラーの公式を用いて表現すると，全体の周波数伝達関数は，

$$G(j\omega) = G_1(j\omega) \cdots G_N(j\omega)$$
$$= |G_1(j\omega)| \cdots |G_N(j\omega)| e^{\angle G_1(j\omega) + \cdots + \angle G_N(j\omega)} \quad (7.16)$$

となる．したがって，$G(j\omega)$ のゲイン特性 $g(\omega)$ と位相特性 $\phi(\omega)$ は，

$$g(\omega) = 20\log_{10}|G(j\omega)| = 20\log_{10}|G_1(j\omega)| + \cdots + 20\log_{10}|G_N(j\omega)|$$
$$= g_1(\omega) + \cdots + g_N(\omega) \quad (7.17)$$

$$\phi(\omega) = \angle G(j\omega) = \angle G_1(j\omega) + \cdots + \angle G_N(j\omega)$$
$$= \phi_1(\omega) + \cdots + \phi_N(\omega) \quad (7.18)$$

より計算できる．すなわち，直列接続のゲイン特性も位相特性もボード線図上において加算という方法で簡単に計算できる．

図 7.5 例題 ($G(s)=10/\{s(1+10s)\}$)

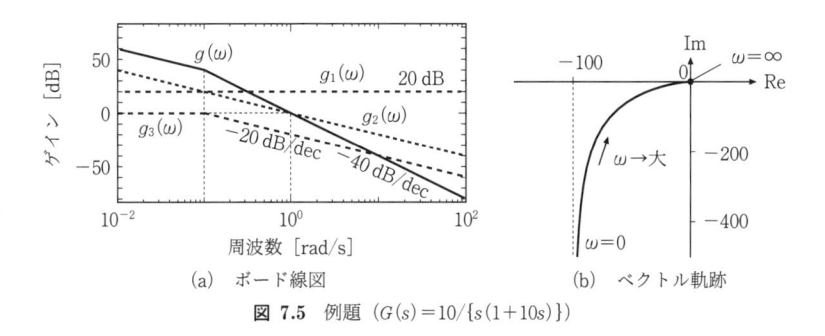

【例題 7.1】 伝達関数 $G(s)=10/\{s(1+10s)\}$ のゲイン特性を描いてみよう.
$G(s)$ は,$G_1(s)=10$,$G_2(s)=1/s$,$G_3(s)=1/(1+10s)$ の三つの伝達関数の直列接続と考えられる.各要素のゲイン曲線 $g_1(\omega)$,$g_2(\omega)$,$g_3(\omega)$ を折線近似で描き,それらを加算すればよい.その結果を図 7.5(a)に示す.

7.3 ベクトル軌跡

周波数 ω を一つ定めると,周波数伝達関数 $G(j\omega)$ から複素平面上の 1 点(Re$[G(j\omega)]$,Im$[G(j\omega)]$)が定まる.ω を 0(あるいは $-\infty$)から ∞ まで変化させたときの点 $G(j\omega)$ の軌跡のことをベクトル軌跡,それを図示した図面をナイキスト線図という.$-\infty<\omega<0$ に対するベクトル軌跡は,$0<\omega<\infty$ に対するそれと横軸(実軸)に関して線対称の関係にあるので,ベクトル軌跡は通常 $0<\omega<\infty$ の部分だけで描く.ベクトル軌跡は,1 枚のグラフに表すことができることから,システムの安定性の解析などによく用いられる.

7.3.1 積分要素と微分要素

積分要素の周波数伝達関数式(7.6)から,その実部と虚部を求めると,

$$\mathrm{Re}[G(j\omega)]=0, \quad \mathrm{Im}[G(j\omega)]=-\frac{1}{\omega T} \tag{7.19}$$

となる.これを複素平面上に図示すると図 7.6(a)となる.このベクトル軌跡は負の虚軸上にあり,$\omega\to 0$ で虚軸上負の無限遠点に,$\omega\to\infty$ で原点に近づく.

同様に,微分要素の周波数伝達関数式(7.8)から,その実部と虚部を求めると,

$$\mathrm{Re}[G(j\omega)]=0, \quad \mathrm{Im}[G(j\omega)]=\omega T \tag{7.20}$$

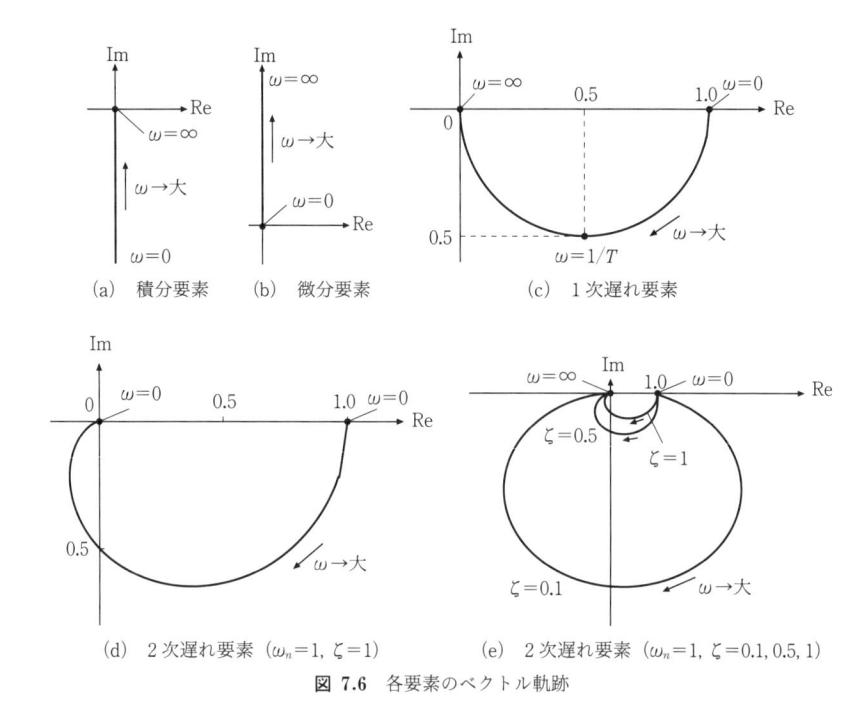

図 7.6 各要素のベクトル軌跡

となる．これを複素平面上に図示すると図7.6(b)となる．このベクトル軌跡は正の虚軸上にあり，$\omega \to 0$ で原点に，$\omega \to \infty$ で虚軸上正の無限遠点に近づく．

7.3.2 1次遅れ要素と2次遅れ要素

1次遅れ要素の周波数伝達関数式(7.10)から，その実部と虚部を求めると，

$$\mathrm{Re}[G(j\omega)] = \frac{1}{1+(\omega T)^2}, \quad \mathrm{Im}[G(j\omega)] = -\frac{\omega T}{1+(\omega T)^2} \tag{7.21}$$

となる．これを複素平面上に図示すると図7.6(c)となる．このベクトル軌跡は，実軸上の点$(0.5, 0)$を中心とする半径0.5の円で表され，$\omega \to 0$ で点$(1, 0)$に，$\omega \to \infty$ で原点に近づく．

同様に，2次遅れ要素の周波数伝達関数式(7.12)の実部と虚部を複素平面上に図示すると図7.6(d)となる．ただし，$\omega_n=1$, $\zeta=1$ とした．また，減衰係数ζの変化に対するベクトル軌跡を図7.6(e)に示す．

> **コラム** 周波数応答と周波数特性は同じか？
>
> 　周波数領域においてシステムの振る舞いを評価することは，制御分野では周波数応答と呼ばれていますが，一般には周波数特性として知られ，さまざまな分野で用いられています．身近なところでは，人間の可聴周波数帯域は 20 Hz～20 kHz，犬の場合は 15 Hz～50 kHz，イルカの場合は 150 Hz～150 kHz といわれています．可聴周波数帯域とは，耳が音を聞く特性(能力)を表すもので，周波数特性です．一方，センサの特性評価にも周波数特性が使われています．例えば，レーザ変位計を取り上げてみましょう．非接触状態で対象物までの距離を測定するもので，振動，ひずみ，位置などの検出に用いられています．では，対象物が振動する場合，ゆっくりとした振動なら正確な測定が可能でしょうが，速い振動のときはどうでしょうか？　この問いに答えてくれるのが周波数特性です．カタログには，例えば，応答周波数 20 kHz という表示がありますが，低い周波数から 20 kHz までの振動を正確に測定できることを意味します．このように，対象物の変位に対する測定値の特性を評価するのに周波数特性が使われています．

【例題 7.2】 伝達関数 $G(s)=10/\{s(1+10s)\}$ のベクトル軌跡を描いてみよう．まず，$\mathrm{Re}[G(j\omega)]$ と $\mathrm{Im}[G(j\omega)]$ を求める．いろいろな ω に対する点をプロットすれば概略図が求まる．その結果を図 7.5(b)に示す．

演 習 問 題

7.1 ステップ応答と比較しながら，周波数応答の特徴を述べよ．

7.2 $G(s)=1/(1+5s)$ で表されるシステムに，$u(t)=a\sin\omega t$ なる入力を加えたときの時間応答 $y(t)$ を求めよ．ただし，すべての初期値は 0 とする．

7.3 次の伝達関数のボード線図を描け．

　　(1)　$G_1(s)=\dfrac{1+20s}{1+10s}$　　(2)　$G_2(s)=\dfrac{1+2s}{1+10s}$

　　(3)　$G_3(s)=\dfrac{5}{(1+10s)(1+2s)}$

7.4 問題 7.3 の伝達関数のベクトル軌跡を描け．

7.5 むだ時間要素のベクトル軌跡を描け．

参 考 文 献

1) 荒木光彦：古典制御理論　基礎編―システム制御シリーズ―，培風館(2000)
2) 増淵正美：システム制御―コンピュータ制御機械システムシリーズ―，コロナ社(1987)
3) 須田信英：制御工学―機械系大学講義シリーズ―，コロナ社(1987)
4) 伊藤正美：自動制御概論(上)，昭晃堂(1983)

第8章 システム同定と実現問題

第5章では，物理的な法則に基づく数学モデルの構築法について述べた．しかし，モデルのなかの物理パラメータが未知である場合や，また物理的な法則によりモデルが構築できない複雑なシステムが存在する．そのようなシステムについては，入力と出力に関する実験データに基づく情報処理的なモデリングの方法が必要になる．このようなブラックボックス的なモデルの構築法をシステム同定という．本章では，動的システムに対する説明の前に，まず簡単な例として静的システムに対しての回帰式と，そのパラメータを求めるための最小2乗法について説明を行う．次に動的システムに対して，古典的なシステム同定法である過渡応答法と周波数応答法を説明する．周波数応答から伝達関数を求める方法および伝達関数から微分方程式に変換する実現問題を紹介する．最後に，より一般的なシステム同定法として，離散時間システムモデルに対する最小2乗法によるパラメータ同定法および状態空間モデルへの変換法について紹介する．

8.1 静的システムに対する回帰式

動的プロセスのシステム同定について述べる前に静的プロセスにおけるブラックボックスモデルの求め方について述べる．一般に x を指定変数，y を従属変数とするとき，x と y との関数関係に関する解析を行うことを回帰分析という．回帰分析には，次の種類がある．
1) 単回帰分析：指定変数 x が1個で y との間に直線関係を想定する場合
2) 重回帰分析：2個以上の指定変数と y との間に1次関数を想定する場合
3) 曲線回帰分析：指定変数と y との間に2次以上の高次の関数を想定する場合

x と y との関係式として，仮に

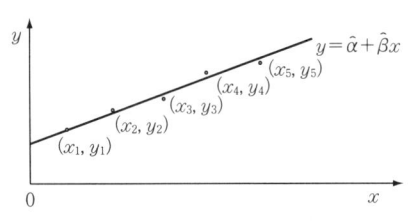

図 8.1 散布図と回帰直線

$$y = \alpha + \beta x \tag{8.1}$$

なる式が得られたとする.

図 8.1 に示すように, 散布図上の点 y_i と $(\alpha + \beta x_i)$ との差の 2 乗

$$\{y_i - (\alpha + \beta x_i)\}^2$$

を散布図上のすべての点について求め, その和

$$J = \sum_{i=1}^{N} \{y_i - (\alpha + \beta x_i)\}^2 \tag{8.2}$$

が最小になるように α および β を決めてやれば, x から y を推定するのに最もバラツキの少ない y の推定値を得る回帰式を求めることができる. この方法を最小 2 乗法という. このときの, α, β は次式を解くことで一意的に決まる.

$$\left. \begin{array}{l} \dfrac{\partial J}{\partial \alpha} = -2 \sum_{i=1}^{N} (y_i - \alpha - \beta x_i) = 0 \\ \dfrac{\partial J}{\partial \beta} = -2 \sum_{i=1}^{N} (y_i - \alpha - \beta x_i) x_i = 0 \end{array} \right\} \tag{8.3}$$

上式を解き, α, β を求めると

$$\alpha = \bar{y} - \beta \bar{x} \tag{8.4}$$

$$\beta = s(xy)/s(xx) \tag{8.5}$$

が得られる. ただし,

$$s(xy) = \sum_{i=1}^{N} \{(x_i - \bar{x})(y_i - \bar{y})\} \tag{8.6}$$

$$s(xx) = \sum_{i=1}^{N} (x_i - \bar{x})^2 \tag{8.7}$$

であり, $\bar{x} = \left(\sum_{i=1}^{N} x_i\right)/N$, $\bar{y} = \left(\sum_{i=1}^{N} y_i\right)/N$ である.

このようにして求めた $y = \alpha + \beta x$ を x に対する y の回帰直線と呼ぶ.

回帰式を得ると, 因子 x と y との関係がわかる. x を入力と考えると, 入力

x と出力 y の関係式が最小 2 乗法により回帰式で表現できる．理論的な因果関係がわかっていないブラックボックスの場合，実験データを基に最小 2 乗法により回帰式を導くことができることを示した．なお，$x=(x_1, x_2, \cdots, x_n)$, $y=(y_1, y_2, \cdots, y_n)$ のように入力，出力ともに多変数の場合に，各出力を入力の多項式近似で表現し，パラメータを求める問題を多変量解析という．ニューラルネットワークも，このような非線形多変量問題を解く一手法である．

8.2 ダイナミカルシステムに対する動特性の測定

8.2.1 ステップ入力による過渡応答法

プロセス制御などで古くから用いられる伝達関数の決定法は，大きさ a のステップ入力に対する応答から求めるもので，伝達関数を「1 次遅れ＋むだ時間」近似する．

大きさ a へのステップ入力に対する応答を図 8.2 に示す．応答の状態の高さ b を求め，変曲点 A で接線を求めて L, T を求める．これより伝達関数は

$$G(s) = \frac{e^{-Ls}}{1+\frac{T}{b}s} \frac{b}{a} \tag{8.8}$$

となる．制御対象の基本的な三つの特性，つまり静特性 b/a, むだ時間 L, 立ち上がり時間 T/b から伝達関数が決定されるもので，簡単な方法ではあるが有効な手法である．なお，インパルス応答法も考えられるが，インパルス入力は実システムには加えにくく，ステップ応答法が実用的である．

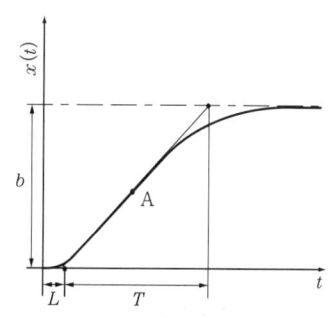

図 8.2 ステップ応答から伝達関数を求める

8.2.2 周波数応答法

すでに第7章で，周波数伝達関数については説明を行った．伝達関数が既知のとき，伝達関数の s を $j\omega$ と書き直すと周波数伝達関数が得られることを述べた．ここでは伝達関数が未知のとき，どのようにして周波数伝達関数を求めるかについて，第7章とは別の観点から考える．そこで，周波数伝達関数の意味を考え，周波数応答法による周波数伝達関数の同定法を説明する．説明の簡単化のために，まず時間関数と第2章で述べられたフーリエ級数の関係を説明する．例えば，図8.3の時間関数をフーリエ級数展開で表す．フーリエ級数とは，

$$f(t) = A_0 + \sum_{n=1}^{\infty} A_n \sin(n\omega t) \tag{8.9}$$

のように，正弦波などの和で表したものである．係数 A_n が大きいものほど，その周波数成分が関数 f に対しての寄与率が高いことを示す．A_n は振幅またはパ

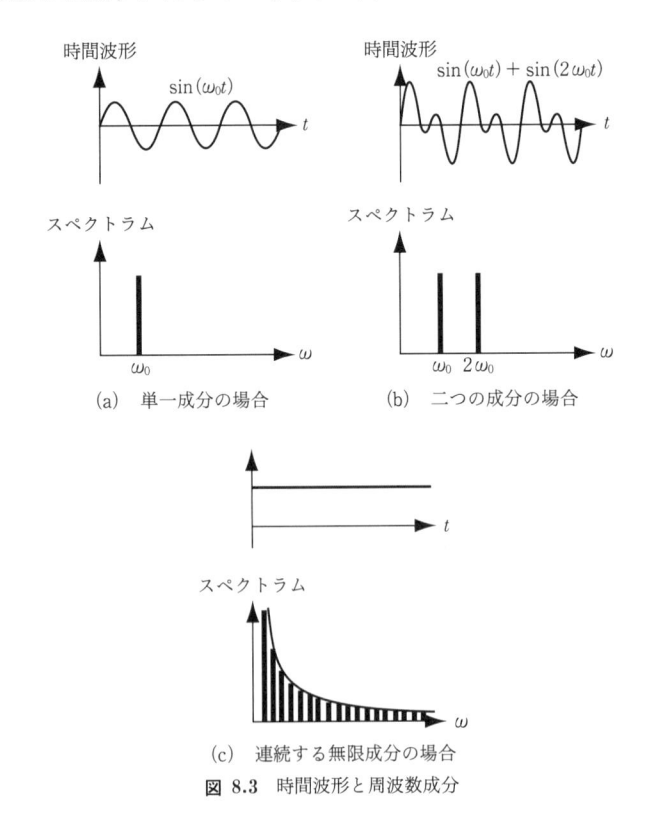

(a) 単一成分の場合

(b) 二つの成分の場合

(c) 連続する無限成分の場合

図 8.3 時間波形と周波数成分

ワースペクトルと呼ぶ．図 8.3(b) のように，時間関数が $\sin(\omega_0 t) + \sin(2\omega_0 t)$ の場合，ω_0 と $2\omega_0$ の周波数のところで，振幅 A_n が 1 となる．また，ステップ状の定数値をフーリエ級数式 (8.9) で表すと，周波数に対して直角双曲線のスペクトル分布をもつ．これより，時間関数と周波数のスペクトル分布は対応していることがわかる．フーリエ変換は，すでに第 2 章でも述べられたように，フーリエ級数を拡張させ，ω について連続的に変換したものである．このことにより，図 8.4 に示すように，入力関数 $u(t)$ と出力関数 $y(t)$ のおのおのを，$U(j\omega)$，$Y(j\omega)$ にフーリエ変換し，パワースペクトル比 $G(j\omega) = Y(j\omega)/U(j\omega)$ をとると，図 8.4 のように周波数伝達関数 $G(j\omega)$ を得ることができる．このことを以下厳密に説明する．

式 (7.1) をより一般化すると，$u(t) = e^{j\omega t}$ となる．そのとき，式 (7.2) は，$y(t) = G(j\omega)u(t) = |G(j\omega)|e^{j\angle G} \cdot u(t)$ となる．ここで，$u(t)$ をフーリエ変換

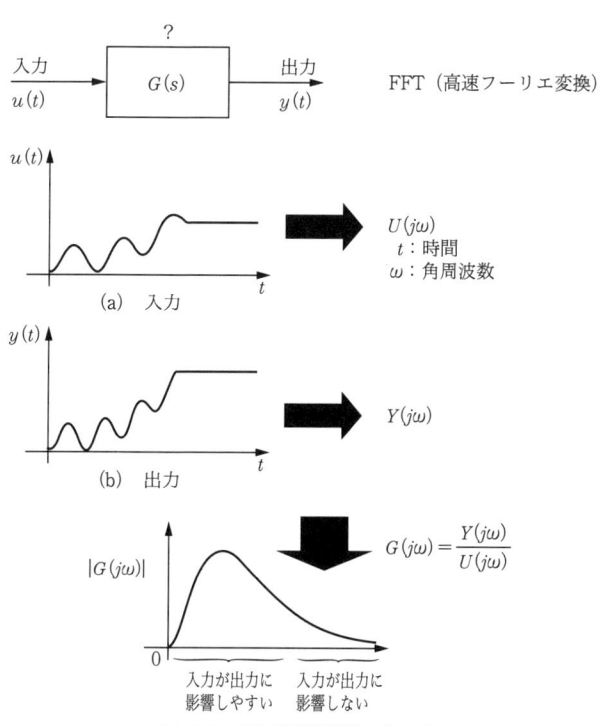

図 8.4 周波数伝達関数の求め方

を用いて表すと，

$$u(t) = \frac{1}{\sqrt{2\pi}} \int_{-\infty}^{\infty} U(j\omega)\, e^{j\omega t} d\omega$$

となる．また $y(t)$ は，

$$y(t) = G(j\omega)\, u(t) = \frac{1}{\sqrt{2\pi}} \int_{-\infty}^{\infty} G(j\omega)\, U(j\omega)\, e^{j\omega t} d\omega$$

となる．一方，$y(t)$ はフーリエ変換を用いて表すと，

$$y(t) = \frac{1}{\sqrt{2\pi}} \int_{-\infty}^{\infty} Y(j\omega)\, e^{j\omega t} d\omega$$

である．よって，$Y(j\omega) = G(j\omega)\, U(j\omega)$ が得られる．

以上のことにより，周波数伝達関数 $G(j\omega)$ は，$u(t)$，$y(t)$ をおのおのフーリエ変換し，$U(j\omega)$，$Y(j\omega)$ を求め，その比 $G(j\omega) = Y(j\omega)/U(j\omega)$ をとることによって求めることができるのである．なお，近年では，高速フーリエ変換 (FFT) により，$G(j\omega)$ を容易に得ることができる．ただし，入力が全周波数成分を含んでいないと割算ができないため，入力信号としてはランダム関数やインパルス関数を与えることが必要である．インパルス関数のラプラス変換は 1 であることより全周波数帯域で，スペクトルが 1 である．

あるいは，すでに第 7 章で説明したように，単一周波数の正弦入力を加えて出力を測定し，定常の振幅比，位相遅れを測定する．周波数を順次移動させ，広い周波数帯域にわたって入出力の比をとることによっても周波数伝達関数を同定できる．物理的にモデリングができない場合，これらの方法は有用であり，このように実験的にモデルを求めることをシステム同定という．

8.3 ノンパラメトリックモデルからパラメトリックモデルへの変換

8.3.1 周波数伝達特性から伝達関数を求める方法

制御工学の分野では伝達関数，状態空間モデル，時系列モデルのような有限個のパラメータで特徴づけられるパラメトリックモデルとインパルス応答，ステップ応答，周波数応答のようなノンパラメトリックモデルが用いられる．さて，ここでは，周波数特性から伝達関数を求める方法を述べる．

荒っぽい近似法としては，実験で得られた周波数線図の傾向をみて，1 次遅れ

要素，2次遅れ要素，比例要素，微分要素，積分要素などの各伝達関数を適当に組み合わせて各要素のパラメータを適宜与え $s=j\omega$ としてシミュレーションを行い，実験値との比較によりパラメータの修正を試行錯誤により行うカーブフィティングの方法がある．しかし，ここでは主観によらない客観的な方法を紹介する．

まず，実測データがある伝達関数 $G(s)$ より発生したものと仮定し，データ $\{G(j\omega_i), i=1,2,\cdots,m\}$ が十分な精度で得られているとする．

ここで，$G(s)$ の近似伝達関数として，

$$G_a(s) = \frac{b_n s^n + b_{n-1} s^{n-1} + \cdots + b_1 s + b_0}{a_n s^n + a_{n-1} s^{n-1} + \cdots + a_1 s + 1} = \frac{N_a(s)}{D_a(s)} \tag{8.10}$$

を考える．$G(s)$，$G_a(s)$ のインパルス応答を $g(t)$，$g_a(t)$ とすると，パーセバルの等式より

$$\int_{-\infty}^{\infty} \{g(t) - g_a(t)\}^2 dt = \frac{1}{2\pi} \int_{-\infty}^{\infty} |G(j\omega) - G_a(j\omega)|^2 d\omega \tag{8.11}$$

となる．式(8.11)は右辺の係数を省略すれば，

$$J_0 = \sum_{i=0}^{m} \left| G(j\omega_i) - \frac{N_a(j\omega_i)}{D_a(j\omega_i)} \right|^2 \Delta\omega_i \qquad (\omega_i < \omega_{i+1}) \tag{8.12}$$

と近似的に表すことができる．式(8.12)が最小のとき，インパルス応答の誤差2乗面積が最小になることは明らかである．J_0 を最小にするような $G_a(j\omega)$ のパラメータ $a_1, a_2, \cdots, a_n, b_0, b_1, \cdots, b_n$ を求める方法としては，極値探索法，シンプレックス法，遺伝アルゴリズム(GA)などさまざま考えられるが，ステップ数が多くなることや，極値に近づいてからの収束性が悪いことから，ここでは次の方法を紹介する(文献6)参照)．

すなわち評価関数をさらに修正して，

$$J = \sum_{i=1}^{m} \phi_i |D_a(j\omega_i) G(j\omega_i) - N_a(j\omega_i)|^2 \Delta\omega_i \tag{8.13}$$

をとり，これを $a_i(i=1,\cdots,n)$，$b_i(i=0,\cdots,n)$ について最小化する．ここに，ϕ_i は重み係数である．つまり，正確さを必要とする周波数帯域ほど ϕ_i を大きくする．

最小化のために，$\partial J/\partial a_i = \partial J/\partial b_i = 0$ とすれば，$\{a_i\}\{b_i\}$ についての代数方程式を得る．その方程式は

$$\begin{bmatrix} \lambda_0 & 0 & -\lambda_2 & 0\cdots & T_1 & S_2 & -T_3\cdots \\ 0 & \lambda_2 & 0 & -\lambda_4\cdots & -S_2 & T_3 & S_4\cdots \\ \lambda_2 & 0 & -\lambda_4 & 0\cdots & T_3 & S_4 & -T_5\cdots \\ 0 & \lambda_4 & 0 & -\lambda_6 & -S_4 & T_5 & S_6\cdots \\ \vdots & \vdots & \vdots & \vdots & \vdots & \vdots & \vdots \\ T_1 & -S_2 & -T_3 & S_4 & U_2 & 0 & -U_4\cdots \\ S_2 & T_3 & -S_4 & -T_5\cdots & 0 & U_4 & 0\cdots \\ T_3 & -S_4 & -T_5 & S_6\cdots & U_4 & 0 & -U_6\cdots \\ \vdots & \vdots & \vdots & \vdots & \vdots & \vdots & \vdots \end{bmatrix} \begin{bmatrix} b_0 \\ b_1 \\ b_2 \\ b_3 \\ \vdots \\ a_1 \\ a_2 \\ a_3 \\ \vdots \end{bmatrix} = \begin{bmatrix} S_0 \\ T_1 \\ S_2 \\ T_3 \\ \vdots \\ 0 \\ U_2 \\ 0 \\ \vdots \end{bmatrix} \quad (8.14)$$

であり,

$$\begin{aligned} \lambda_k &= \sum_{i=1}^{m} \phi_i \omega_i^{k} \Delta\omega_i \\ S_k &= \sum_{i=1}^{m} \phi_i \omega_i^{k} \mathrm{Re}(G(j\omega_i)) \Delta\omega_i \\ T_k &= \sum_{i=1}^{m} \phi_i \omega_i^{k} \mathrm{Im}(G(j\omega_i)) \Delta\omega_i \\ U_k &= \sum_{i=1}^{m} \phi_i \omega_i^{k} |G(j\omega_i)|^2 \Delta\omega_i \quad (k=0, 1, 2, \cdots) \end{aligned} \quad (8.15)$$

となる.

ところで重み係数 ϕ_i が $1/|D_a(j\omega_i)|^2$ と一致していれば,式(8.12)と式(8.13)は一致する.いまの場合,$D_a(j\omega)$ は未知であるので,ϕ_i が $1/|D_a(j\omega_i)|^2$ に近づくように繰り返し計算を行う.$\phi_i^{(0)}=1 (i=1,2,\cdots,m)$ とし,$\phi_i^{(k+1)}=1/|D_a^{(k)}(j\omega_i)|^2 (i=1,2,\cdots,m)$ として $\{\phi_i^{(k)}\}$ が収束するまで行う.

次数についての評価としては,n に対して定まった $G_a(s)$ について

$$E_n = \frac{\sum_{i=1}^{m}|G(j\omega_i)-G_a(j\omega_i)|^2 \Delta\omega_i}{\sum_{i=1}^{m}|G(j\omega_i)|^2 \Delta\omega_i} \quad (8.16)$$

を求め,E_n がある基準以下になるまで n を増加させる.

8.3.2 伝達関数から状態方程式をつくる方法

1入力1出力系の有理多項式の伝達関数が前節までの方法で得られたとき,これらから状態方程式表現のモデルに変換する方法を述べる.伝達関数表現は,周波数特性を知るのに便利であるが,時間応答を調べるには,微分方程式表現の状

態方程式表示が便利である．状態方程式表示，つまり，状態空間法はひと口でいえばシステムを1階の連立微分方程式で表現する方法であり，主として制御理論の分野で発展してきたものである．利点は，数値計算をするとき，ルンゲ・クッタ法，オイラー法の公式が直接使えること，また制御理論を構築するときにシステムモデルとして見通しのよい構造となっていることである．

一般に，伝達関数から状態空間モデルである状態方程式をつくることを実現問題という．

一つの伝達問題を与える状態空間モデルは無数にある．ここでは，1入力1出力系の伝達関数を実現する代表的な方法である同伴形による実現について説明する．

1入力1出力系のプロパーな次の伝達関数を考える．

$$H(s) = \frac{Y(s)}{U(s)} = \frac{b_n s^n + b_{n-1} s^{n-1} + \cdots + b_1 s + b_0}{s^n + a_{n-1} s^{n-1} + \cdots + a_1 s + a_0}$$

$$= \frac{\beta_{n-1} s^{n-1} + \beta_{n-2} s^{n-2} + \cdots + \beta_1 s + \beta_0}{s^n + a_{n-1} s^{n-1} + \cdots + a_1 s + a_0} + \delta \quad (8.17)$$

ただし，$\beta_i = b_i - b_n a_i$, $i = 0, 1, \cdots, n-1$, $\delta = b_n$

式(8.17)を図8.5に示すように分離する．出力 $Y(s)$ は，

$$Y(s) = Z(s) + \delta U(s) \quad (8.18)$$

と書くことができる．ここで，$X_1(s)$ を導入すると，

$$\frac{Z(s)}{U(s)} = \frac{X_1(s)}{U(s)} \cdot \frac{Z(s)}{X_1(s)} = \frac{\beta_{n-1} s^{n-1} + \beta_{n-2} s^{n-2} + \cdots + \beta_1 s + \beta_0}{s^n + a_{n-1} s^{n-1} + \cdots + a_1 s + a_0} \quad (8.19)$$

ただし，

$$\frac{X_1(s)}{U(s)} = \frac{1}{s^n + a_{n-1} s^{n-1} + \cdots + a_1 s + a_0} \quad (8.20)$$

$$\frac{Z(s)}{X_1(s)} = \beta_{n-1} s^{n-1} + \beta_{n-2} s^{n-2} + \cdots + \beta_1 s + \beta_0 \quad (8.21)$$

である．

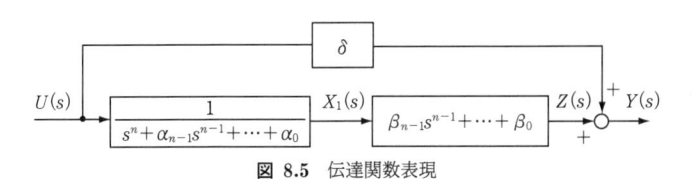

図 8.5 伝達関数表現

ここで，$L^{-1}\{X_1(s)\}=x_1(t)$ を状態変数の一つと考え，また，$L^{-1}\{s^n X_1(s)\}=x_1^{(n)}(t)$ を用いると，式 (8.20) は微分方程式

$$x_1^{(n)}(t)+a_{n-1}x_1^{(n-1)}(t)+\cdots+a_0 x_1(t)=u(t) \tag{8.22}$$

を得る．ただし，$x^{(i)}(t)$ は，時間 t に関する i 階微分を表す．また，初期条件 $x^{(n-1)}(0)=x^{(n-2)}(0)=\cdots=x(0)=0$，とする．さて，状態変数 $x_2, x_3, \cdots, x_n$ を

$$x_2=\dot{x}_1, \quad x_3=\dot{x}_2=x_1^{(2)}, \quad x_4=\dot{x}_3=x_1^{(3)}, \quad \cdots\cdots, \quad x_n=\dot{x}_{n-1}=x_1^{(n-1)}$$

と選べば，式 (8.22) より，

$$\left.\begin{array}{l} \dot{x}_1=x_2 \\ \dot{x}_2=x_3 \\ \quad\vdots \\ \dot{x}_{n-1}=x_n \\ \dot{x}_n=-a_0 x_1-a_1 x_2-\cdots-a_{n-1}x_n+u \end{array}\right\} \tag{8.23}$$

を得る．一方，出力 $y(t)$ は，式 (8.18), (8.21) より，

$$\begin{aligned} y(t) &= z(t)+\delta\cdot u(t) \\ &= \beta_0 x_1(t)+\beta_1 x_1^{(1)}(t)+\beta_2 x_1^{(2)}(t)+\cdots+\beta_{n-1}x_1^{(n-1)}(t)+\delta u(t) \\ &= \beta_0 x_1(t)+\beta_1 x_2(t)+\cdots+\beta_{n-1}x_n(t)+\delta\cdot u(t) \end{aligned} \tag{8.24}$$

で表せる．以上を行列表示すれば，

$$\frac{d}{dt}x(t)=Ax(t)+bu(t) \tag{8.25}$$

$$y(t)=cx(t)+du(t) \tag{8.26}$$

となる．ただし，

$$A=\begin{bmatrix} 0 & 1 & 0 & \cdots\cdots & 0 \\ 0 & 0 & 1 & & \vdots \\ \vdots & & \ddots & \ddots & \vdots \\ 0 & \cdots\cdots & 0 & & 1 \\ -a_0 & -a_1 & \cdots & -a_{n-2} & -a_{n-1} \end{bmatrix}, \quad b=\begin{bmatrix} 0 \\ 0 \\ \vdots \\ 0 \\ 1 \end{bmatrix}$$

$$c=[\beta_0, \beta_1, \cdots, \beta_{n-1}], \quad d=\delta$$

$$x=[x_1, x_2, \cdots, x_n]^T$$

である．式 (8.25) を線形ベクトル状態方程式，式 (8.26) を出力方程式という．

行列 A は伝達関数の特性多項式の係数を最下行にもち，ベクトル c の要素は，伝達関数の分子多項式の係数からなっている．このように，A, b, c, d

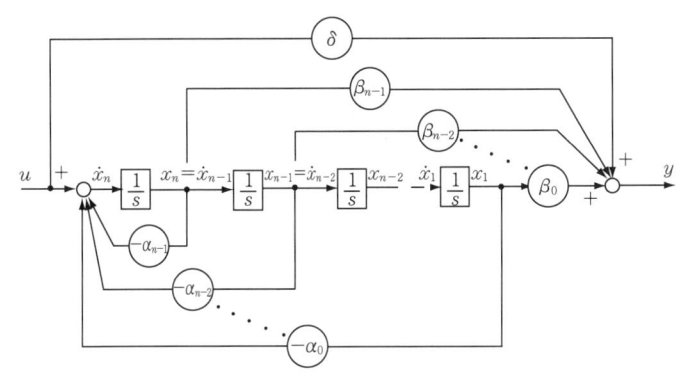

図 8.6 同伴形による実現

の要素と伝達関数の要素が対応 (同伴) しているので, 式 (8.25), (8.26) を同伴形実現という. 内部記述を図示すると, 図 8.6 のようになる.

なお, ここで, 式 (8.19) の $Z(s)$, $U(s)$ を直接実現すると,

$$z^{(n)} + a_{n-1}z^{(n-1)} + \cdots + a_1\dot{z} + a_0 z = \beta_{n-1}u^{(n-1)} + \cdots + \beta_0 u \tag{8.27}$$

となる. ただし, $u^{(n-1)}(0) = \cdots = u(0) = 0$ である. このとき, 入力 $u(t)$ に高階微分が存在し, 厳密な計算が不可能になり, また物理的な意味がなくなる. そこで式 (8.19) のように, $X_1(s)$ を導入し, 入力 $u(t)$ の微分を回避することができた. このように入力 $u(t)$ の微分を回避するには, 伝達関数 $H(s)$ がプロパーであることを要する.

8.4 線形離散時間システムの同定

8.4.1 線形離散時間モデル

さて, ここでは, 時系列の入出力データ $u_t, u_{t-1}, \cdots, u_{t-n}, y_t, y_{t-1}, \cdots, y_{t-n}$ からモデルを求めることを考える. 近年, システム同定といえば, この手法が一般的になってきた.

線形離散時間システムの入出力関係は, 式 (8.28) に示すように,

$$y_t = -\sum_{i=1}^{n} a_i y_{t-i} + \sum_{i=1}^{n} b_i u_{t-i} + r_t \tag{8.28}$$

のような差分方程式で表される. これを線形回帰モデルとも呼ぶこともある. ここで y_t は, t 時刻での値 y を表す. r_t は t 時刻での式 (8.28) による予測値 y_t と

実測値との誤差であり式誤差と呼ぶ．

いま，
$$\theta^T = [a_1, a_2, \cdots, a_n,\ \ b_1, b_2, \cdots, b_n]$$
$$Z_t^T = [-y_{t-1}, -y_{t-2}, \cdots, -y_{t-n},\ \ u_{t-1}, u_{t-2}, \cdots, u_{t-n}]$$
のような $2n$ 次元ベクトルを定義すると，式 (8.28) は，
$$y_t = Z_t^T \theta + r_t \tag{8.29}$$
となる．上式で $t = 1, 2, \cdots, N$ において得られる N 個の方程式を
$$\left. \begin{array}{l} y_1 = Z_1^T \theta + r_1 \\ y_2 = Z_2^T \theta + r_2 \\ \quad \vdots \\ y_N = Z_N^T \theta + r_N \end{array} \right\} \tag{8.30}$$
のようにまとめて考える．ここでさらに，
$$y = \begin{bmatrix} y_1 \\ y_2 \\ \vdots \\ y_N \end{bmatrix}, \quad r = \begin{bmatrix} r_1 \\ r_2 \\ \vdots \\ r_N \end{bmatrix}, \quad H = \begin{bmatrix} Z_1^T \\ Z_2^T \\ \vdots \\ Z_N^T \end{bmatrix}$$
とおくと，式 (8.30) は
$$y = H\theta + r \tag{8.31}$$
となる．ここで行列 H は $N \times 2n$ の行列であり，
$$H = \begin{bmatrix} -y_0 & -y_{-1} & \cdots & -y_{1-n} & u_0 & u_{-1} & \cdots & u_{1-n} \\ -y_1 & -y_0 & \cdots & -y_{1-n} & u_1 & u_0 & & u_{2-n} \\ \vdots & \vdots & & \vdots & \vdots & \vdots & & \vdots \\ -y_{N-1} & -y_{N-2} & \cdots & -y_{N-n} & u_{N-1} & u_{N-2} & & u_{N-n} \end{bmatrix}$$
である．

8.4.2 最小2乗法によるパラメータ推定

同定問題とは，入出力 $\{u_t, y_t\}$ が測定されたとき，パラメータ θ を推定することである．

このとき，最小2乗法によるパラメータ推定は，
$$J = \sum_{t=1}^{N} r_t^2 = r^T r = (y - H\theta)^T (y - H\theta) \tag{8.32}$$
を最小にする θ を求めることである．

8.4 線形離散時間システムの同定

J を最小にする必要条件は $\partial J/\partial\theta = 0$ である. 式(8.31)を θ で微分すると,

$$\frac{\partial J}{\partial \theta} = -2H^T y + 2H^T H\theta = 0 \tag{8.33}$$

であるので,

$$H^T H \theta = H^T y \tag{8.34}$$

を得る. もし, $H^T H$ が正則であれば

$$\hat{\theta} = (H^T H)^{-1} H^T y \tag{8.35}$$

となり, θ の推定値 $\hat{\theta}$ が求まる.

上式が十分であることは, 次のように示すことができる.

$$J = [\theta - (H^T H)^{-1} H^T y]^T H^T H [\theta - (H^T H)^{-1} H^T y] \\ + y^T y - y^T H (H^T H)^{-1} H^T y \tag{8.36}$$

とかけるので, $\hat{\theta}$ は J を最小にしている. また J の最小値は

$$J_{\min} = y^T y - y^T H (H^T H)^{-1} H^T y \tag{8.37}$$

である. 以上のようにパラメータを推定できる.

このようにして求めたパラメータ $\hat{\theta}$ を用いて, 式(8.28)により, $y_{t-1}, \cdots$, $y_{t-n}, u_{t-1}, \cdots, u_{t-n}$, までの過去の入出力情報を用いて, 次ステップ t 時刻以後の出力値 y_t をオンラインで逐次予測できる.

[注意] $\boldsymbol{x}^T A \boldsymbol{x}$ を, ベクトル $\boldsymbol{x}$ の2次形式という.

例えば, $\boldsymbol{x} = [x_1, x_2]^T$, $A = \begin{bmatrix} a_{11} & a_{12} \\ a_{21} & a_{22} \end{bmatrix}$ の場合を例にとり説明する. $\boldsymbol{x}^T A \boldsymbol{x}$ は, $\boldsymbol{x}^T A \boldsymbol{x} = a_{11} x_1^2 + (a_{12} + a_{21}) x_1 x_2 + a_{22} x_2^2$ のようにスカラ値となる. 2次形式のベクトル $\boldsymbol{x}$ についての微分は, $\frac{\partial}{\partial \boldsymbol{x}}(\boldsymbol{x}^T A \boldsymbol{x}) = (A + A^T) \boldsymbol{x}$ となる. ただし, $\frac{\partial \boldsymbol{x}^T}{\partial \boldsymbol{x}} = I$ である.

8.4.3 線形離散時間システムの状態空間表現

線形回帰式である式(8.28)の離散時間モデルを, 8.3.2項で示したような状態空間モデルに変換する方法を説明する. 離散時間システムを解析する数学的な方法に z 変換がある. 詳しくは第12章で説明するので, ここではそれをふまえて話を展開する. 式(8.28)を変換すると,

$$(1 + a_1 z^{-1} + a_2 z^{-2} + \cdots + a_n z^{-n}) Y(z)$$

$$= (b_1 z^{-1} + b_2 z^{-2} + \cdots + b_n z^{-n}) U(z) \tag{8.38}$$

となる．z はシフトオペレータと呼び，$z^{-1} y(t+1) = y(t)$，また，$zy(t) = y(t+1)$ となる（第 12 章参照）．したがって，

$$\frac{Y(z)}{U(z)} = \frac{b_1 z^{-1} + \cdots + b_n z^{-n}}{1 + a_1 z^{-1} + \cdots + a_n z^{-n}} = \frac{b_1 z^{n-1} + \cdots + b_n}{z^n + a_1 z^{n-1} + \cdots + a_n} \tag{8.39}$$

ここで，$Y(z)/U(z) = (Y(z)/X_1(z))(X_1(z)/U(z))$ と分解すると，

$$\frac{X_1(z)}{U(z)} = \frac{1}{z^n + a_1 z^{n-1} + \cdots + a_{n-1} z + a_n} \tag{8.40}$$

$$\frac{Y(z)}{X_1(z)} = b_1 z^{n-1} + b_2 z^{n-2} + \cdots + b_{n-1} z + b_n \tag{8.41}$$

となる．式(8.40)より

$$a_n X_1(z) + a_{n-1} z X_1(z) + \cdots + a_1 z^{n-1} X_1(z) + z^n X_1(z) = U(z) \tag{8.42}$$

ここで，

$$zX_1(z) = X_2(z), \quad z^2 X_1(z) = z X_2(z) = X_3(z), \cdots$$
$$z^{n-2} X_1(z) = X_{n-1}(z), \quad z^{n-1} X_1(z) = z X_{n-1}(z) = X_n(z)$$

と定義すると，式(8.42)は，

$$a_n X_1(z) + a_{n-1} X_2(z) + \cdots + a_1 X_n(z) + z X_n(z) = U(z) \tag{8.43}$$

となる．ここで，逆 z 変換を上記の定義式に用いると，$x_1(t+1) = x_2(t)$，$x_2(t+1) = x_3(t)$，$\cdots$，$x_{n-1}(t+1) = x_n(t)$ となり，式(8.43)より次式を得る．

$$x_n(t+1) = -a_n x_1(t) - a_{n-1} x_2(t) - \cdots - a_1 x_n(t) + u(t) \tag{8.44}$$

これらをまとめると，線形離散時間システムの状態方程式が次のように求まる．

$$\left. \begin{array}{l} x(t+1) = Ax(t) + Bu(t) \\ y(t) = cx(t) \end{array} \right\} \tag{8.45}$$

ただし，

$$A = \begin{bmatrix} 0 & 1 & 0 & \cdots & & 0 \\ 0 & 0 & 1 & 0 & \cdots & 0 \\ \vdots & & & \ddots & \ddots & \vdots \\ & & & & \ddots & 0 \\ 0 & 0 & \cdots & \cdots & & 1 \\ -a_n & -a_{n-1} & & & \cdots & -a_1 \end{bmatrix}, \quad b = \begin{bmatrix} 0 \\ \vdots \\ \vdots \\ \vdots \\ 0 \\ 1 \end{bmatrix},$$

$$c = [b_n, b_{n-1}, \cdots, b_2, b_1], \quad x(t) = [x_1(t), x_2(t), \cdots, x_n(t)]^T$$

8.4 線形離散時間システムの同定

である.

さらに，式(8.45)の離散時間の状態方程式を連続時間の状態方程式に近似することを考える．式(8.45)の両辺から $x(t)$ を引くと，

$$x(t+1) - x(t) = Ax(t) - x(t) + Bu(t) \tag{8.46}$$

を得る．ここで前進差分法により

$$\dot{x}(t) = [x(t+1) - x(t)]/[(t+1) - t]$$

のように近似すると，式(8.46)は次式で表される連続時間の状態方程式に変換できる．

$$\left.\begin{array}{l} \dot{x}(t) = [A - I]x(t) + Bu(t) \\ y(t) = cx(t) \end{array}\right\} \tag{8.47}$$

コラム パラメータを正確に推定するための同定入力の与え方はどうすればよいのか？

システム同定を行うためには，適切な入力信号を用いて同定対象を励起し，出力データを獲得し，パラメータの推定をしなければなりません．モデルのパラメータが正確に推定できるとき可同定といいます．このためには，例えば式(8.31)を例にとると，入力系列でつくられるベクトル入力 $u(t)$，$t=0,1,\cdots$ が n 個の1次独立な部分系列を含まなければならないことを意味しています．このような性質をもつ入力は十分豊か(sufficiently rich)，または持続的励振(persistently exciting; PE)といいます．結論だけ述べると，モデルの分子，分母の次数がともに n の場合，入力信号は，次数 $2n$ の PE 性をもたないといけません．例えば，この条件を満足させる入力信号は，n 個の周波数の異なる正弦波の合成です．つまり，n 次システム(モデルの分母，分子の次数が n 次以下)を同定する入力としては，n 個の正弦波を用いれば十分です．これを可同定条件といいます．ここで，単一の正弦波信号は次数2の PE です．正弦波は，振幅と位相の二つの自由度を有しているので直感的に理解できると思います．なお，参考までに，白色雑音は次数∞の PE，一定値入力は次数1の PE 信号です．

どんな周波数成分を同定入力とすればよいの？

上述で，可同定条件を満たせばパラメータは推定できることがわかりました．しかし，すべての周波数領域でモデルのパラメータが同じという保証はありません．高周波領域などでは，低周波領域とはパラメータが異なってくることがあります．

そのとき，可同定条件を満たす信号を使うとしても，どのような周波数領域を使うかで悩みます．これに対しては，基本的には制御入力で利用する周波数帯域や，制御性能を上げるために希望する周波数帯域までの周波数を含む入力を与えることが多いようです．同定のときに，特定の周波数領域でよいモデルをつくっても，制御のときに用いる周波数帯域が異なると，モデル精度は実際の所悪くなります．使う帯域でよいモデルをつくることが不可欠です．全周波数領域でモデルと実験値を合致させようとすると，モデルの次数が高くなり困難な場合が多くなります．これは，人の同定にもあてはまると思います．例えば，人の全人格像を同定する場合を考えましょう．スポーツ，音楽，食べ物，読書傾向，癖などの各項目は，少し無理のあるたとえかもしれませんが，異なる周波数点に対応するとします．ある項目だけ質問(入力)し，得られた返事(出力)からだけでは全人格を精度よく同定できないでしょう．例えば，スポーツだけについて質問すると，その項目についてのその人の傾向を同定できそうですが，他のことは類推が難しいでしょう．それに対して，いろいろな項目について質問すると多くの情報が得られ同定が正確になってきます．人間も太古以来このようなことを自然にしているのです．システム同定って，奥深いな．

演 習 問 題

8.1 システム同定とは何をすることかを説明せよ．

8.2 システムモデル表現法として，状態方程式や伝達関数がある．おのおのは何を解析するときに有効かを述べよ．

8.3 入力 $u(t)=1(t\geq 0)$ に対するステップ応答を調べたところ，出力 $y(t)$ は，$y(t)=1-e^{-\frac{1}{2}t}$ のように近似できた．

このとき，システムの伝達関数と状態方程式を述べよ．

8.4 次の伝達関数
$$\frac{Y(s)}{U(s)}=\frac{s^3+2s^2+3s+2}{s^3+s^2+s+1}$$
の実現を行え．

8.5 次のモデルを自己回帰(AR)という．
$$y_t=-\sum_{i=1}^{n}a_i y_{t-i}+r_t$$
このとき，$J=\sum_{t=1}^{N}r_t^2$ を最小にするパラメータを求めよ．

参 考 文 献

1) 中溝高好：信号解析とシステム同定，コロナ社(1988)
2) 相良節夫，秋月影雄，中溝高好，片山 徹：システム同定，計測自動制御学会 (1981)
3) 足立修一：システム同定理論，計測自動制御学会(1993)
4) 大松 繁，山本 透編者：セルフチューニングコントロール，計測自動制御学会 (1981)
5) 嘉納秀明：現代制御工学，日刊工業新聞社(1984)
6) 山下勝比拡，鈴木 胖，藤井克彦：周波数応答値より伝達関数を求める方法，制御工学，第14巻，第11号(1970)，pp. 667-674

第9章
安定性解析

9.1 システムの安定性

　システムの初期値や突然の入力が与えられたときに，その出力が時間の経過につれて大きな値になったり，振動したり，または振動しながら大きな値になってシステムにとって好ましくないことがある．したがって，どのようなときにこのような現象が起きるのか．また，制御によってこれを抑えることができるのか．さらに抑えることができるなら，どの程度に制御系を設計すればよいのかなど，重要な解析が必要になる．これをシステムの安定性解析と呼んでいる．

　システムが微分方程式や伝達関数などの数学的モデリングで表現されている場合は，これを種々の手法で検討することができる．実験的に微分方程式の係数や伝達関数のパラメータをいろいろ変えてみると，その時間的応答は一定の値に収束したり，振動しながら発散したりするなど変化する．制御系の設計を行う場合，制御系パラメータの微小な誤差や変動によってシステムが安定のままであったり，またすぐに不安定になったりすることがあるので安定性の解析は常に重要である．あらかじめそれらの特性を検討することが必要になる．また，たとえ安定であっても，必要とする安定の度合いについての保証を求められることがあり，安定性解析は制御システムにとって基本的で重要な解析といえよう．

　安定性は，次のように考えることができる．システムに突然の入力が与えられたときに，その出力が時間の経過につれて大きな値になるか，小さな値になるか，一定の振動をするか，また振動しながら大きな値または小さな値になるのかが制御系にとって重要である．すなわち，伝達関数のインパルス応答 $g(t)$ がどうのような応答をするかを調べる必要がある．一般に，伝達関数のインパルス応答は特性方程式の根を λ_i とすると，次式のような指数関数の和の形で求まる．

$$g(t)=\sum_{i=1}^{n} c_i e^{\lambda_i t} \tag{9.1}$$

ここで，c_i は定数である．もし，この λ_i の値が負の実数であれば時間とともに各項は減少する，いいかえればシステムは安定である．もし，これが複素数である場合は共役な項が必ずあり，和を求めると振動する実数値となる．$\lambda_i = \alpha_i + j\beta_i = \text{Re}\{\lambda_i\} + j\text{Im}\{\lambda_i\}$ とおくと，$e^{\lambda_i t} = e^{\alpha_i t} e^{j\beta_i t}$ となる．$|e^{j\beta_i t}| = 1$ であることにより，応答 $g(t)$ の絶対値をとると，

$$|g(t)| \leq \sum_{i=1}^{n} |c_i| e^{\text{Re}\{\lambda_i\} t} \tag{9.2}$$

のような不等式で評価することができる．すなわち，安定であるためには特性方程式の根が実数である場合は負であること．また，複素数である場合はその実部が負である必要があることがわかる．例えば，次のような2次の伝達関数を考えてみよう．

$$G(s) = \frac{1}{s^2 + 3s + 2}$$

の特性根は $-1, -2$ であり，負の値をとる．そのインパルス応答は

$$g(t) = e^{-t} + e^{-2t}$$

となり，明らかに時間の経過とともに減少することがわかる．一方，次のような伝達関数の場合は

$$G(s) = \frac{1}{s^2 + 2s + 2}$$

特性根は $-1 + j_2, -1 - j_2$ であり，その実部は負の値を持つ．インパルス応答の絶対値は

$$|g(t)| \leq e^{-t}$$

と評価され，その大きさは時間とともに減少し安定である．

9.2 ラウスおよびフルビッツの安定判別法

一般に，特性方程式根の実部の符号が負であることが安定であるための条件であるということがわかった．これらの根は，特性方程式が与えられると求めることができるが，特性方程式自体はその係数によって決まるから，係数の関係から直接根の符号が決定できれば根を求める必要がないので，安定性を調べたり制御系設計を行ううえで便利である．このような考え方にそった安定判別法としてラ

ウスの安定判別法とフルビッツの安定判別法がある．

特性方程式が次式のように因数分解されているとすると，

$$(s+\alpha_1)(s+\alpha_2)\cdots(s+\alpha_n)=0$$

これを展開すると，根がすべて負である場合は s の多項式の係数はすべて正であることがわかる．すなわち，安定であるための必要条件として特性多項式の係数はすべて正である必要がある．そのうえで以下に述べるラウスとフルビッツの安定判別法は安定であるための必要十分条件になる．ラウスとフルビッツは，それぞれ独立にこの判別法を求めたが等価であることがわかっており，詳しい証明は文献1)にある．

9.2.1 ラウスの安定判別法

ラウスの安定判別法は，次のような手順で表をつくり安定判別を行う手法である．特性方程式が次式で与えられているとき，

$$a_n s^n + a_{n-1} s^{n-1} + \cdots + a_0 = 0 \tag{9.3}$$

方程式の係数から表のはじめの2行を次のように与える．

n	a_n	a_{n-2}	a_{n-4}	$\cdots$	0
$n-1$	a_{n-1}	a_{n-3}	a_{n-5}	$\cdots$	0

次の3行目 n-2行欄以降を求めるのに，前2行の係数を用いて次のように計算する．3行目の第1要素は2行目の第1要素と1行目の第2要素を掛け，その値から1行目の第1要素と2行目の第2要素を掛けた値を引き，2行目の第1要素で割ることによって求める．さらに，3行目の第2要素は2行目の第1要素と1行目の第3要素を掛け，その値から1行目の第1要素と2行目の第3要素を掛けた値を引き，2行目の第1要素で割ることによって求められる．これを繰り返すと次式のようになる．

$$b_{n-1} = \frac{a_{n-1}a_{n-2} - a_n a_{n-3}}{a_{n-1}}, \quad b_{n-2} = \frac{a_{n-1}a_{n-4} - a_n a_{n-5}}{a_{n-1}} \cdots,$$

$$b_{n-3} = \frac{a_{n-1}a_{n-6} - a_n a_{n-7}}{a_{n-1}} \cdots \tag{9.4}$$

以下同様にして，4行目の係数は次式のように求める．

$$c_{n-1} = \frac{b_{n-1}a_{n-3} - a_{n-1}b_{n-2}}{b_{n-1}}, \quad c_{n-2} = \frac{b_{n-1}a_{n-5} - a_{n-1}b_{n-3}}{b_{n-1}},$$

9.2 ラウスおよびフルビッツの安定判別法

$$c_{n-3} = \frac{b_{n-1}a_{n-7} - a_{n-1}b_{n-4}}{b_{n-1}} \cdots \tag{9.5}$$

これを繰り返すことによって，次のような表が求まる．これをラウス表という．

n	a_n	a_{n-2}	a_{n-4}	$\cdots$	0
$n-1$	a_{n-1}	a_{n-3}	a_{n-5}	$\cdots$	0
$n-2$	b_{n-1}	b_{n-2}	b_{n-3}	$\cdots$	0
$n-3$	c_{n-1}	c_{n-2}	c_{n-3}	$\cdots$	0
$\vdots$	$\vdots$				
1	e_{n-1}	0			
0	f_{n-1}				

ラウスの安定判別法は，このラウス表の1列目の係数符号を調べ，すべて正である場合は安定である．またそうでなければ不安定であり，符号の反転する回数だけ不安定根がある．ラウスの安定判別の特徴は，不安定である場合その不安定根の個数がわかることである．

したがって，特性方程式の根の実部が負であるための必要十分条件は係数がすべて正であることに加え，ラウス表の第1列の符号がすべて正であればシステムは安定である．もし，符号が反転するときは不安定であり，その反転の回数は不安定根すなわち実部が正である根の個数を示している．

例えば，特性方程式が次式である場合，

$$s^3 + 2s^2 + s + 1 = 0$$

ラウス表は次のようになり，係数の第1列の符号がすべて正であるから安定である．

3	1	1	0
2	2	1	0
1	0.5	0	
0	1		

また，特性方程式が次式である場合は，

$$s^3 + 2s^2 + s + 3 = 0$$

そのラウス表は次のようになり，係数の第1列目に正から負，負から正に符号が2回反転しているので不安定であると同時に，不安定根が2個あることがわかる．

3	1	1	0
2	2	3	0
1	-0.5	0	
0	3		

特に，係数にパラメータ ε がある場合は，以下のようにして安定条件を求めることができる．

$$s^3 + 2s^2 + s + \varepsilon = 0$$

ラウス表は次のようになり，

3	1	1	0
2	2	ε	0
1	$\dfrac{2-\varepsilon}{2}$	0	
0	ε		

係数の第1列が正であるためにはパラメータ ε は

$$0 < \varepsilon < 2$$

である必要がある．零点のない開ループにゲイン K のフィードバック制御を行うと，特性方程式定数項のパラメータ ε はゲイン K に置き換わる．ラウス表を用いてフィードバックゲインと安定性の関係求めることができる．

9.2.2 フルビッツの安定判別法

一方，フルビッツの安定判別法は特性方程式の係数から以下のような行列 H を構成することによって解析する手法である．行列 H のすべての主小行列式 H_i が正であるとき，特性方程式の根の実部は負になる．フルビッツの安定判別法は，パラメータ係数が未定の場合安定であるための範囲を求めるのが容易である．

$$H = \begin{bmatrix} a_{n-1} & a_{n-3} & \cdots & \cdots & 0 \\ a_n & a_{n-2} & a_{n-4} & \cdots & 0 \\ \vdots & \vdots & \ddots & \cdots & \vdots \\ 0 & \cdots & a_3 & a_1 & 0 \\ 0 & \cdots & a_4 & a_2 & a_0 \end{bmatrix} \tag{9.6}$$

$$H_1 = a_{n-1} > 0 \tag{9.7}$$

$$H_2 = \begin{vmatrix} a_{n-1} & a_{n-3} \\ a_n & a_{n-2} \end{vmatrix} \tag{9.8}$$

$$\vdots$$

$$H_n = \begin{vmatrix} a_{n-1} & a_{n-3} & \cdots & \cdots & 0 \\ a_n & a_{n-2} & a_{n-4} & \cdots & 0 \\ \vdots & \vdots & \ddots & \cdots & \vdots \\ 0 & \cdots & a_3 & a_1 & 0 \\ 0 & \cdots & a_4 & a_2 & a_0 \end{vmatrix} > 0 \tag{9.9}$$

例えば,次のパラメータ α と β がある特性方程式では

$$s^3 + \alpha s^2 + s + \beta = 0$$

$$H = \begin{bmatrix} \alpha & \beta & 0 \\ 1 & 1 & 0 \\ 0 & \alpha & \beta \end{bmatrix}$$

$$H_1 = \alpha > 0$$

$$H_2 = \begin{vmatrix} \alpha & \beta \\ 1 & 1 \end{vmatrix} = \alpha - \beta > 0$$

$$H_3 = \begin{vmatrix} \alpha & \beta & 0 \\ 1 & 1 & 0 \\ 0 & \alpha & \beta \end{vmatrix} = (\alpha - \beta)\beta > 0$$

したがって,$\alpha>0$,$\beta>0$,$\alpha>\beta$ の不等式が安定であるためのパラメータに対する条件である.フルビッツの安定判別法では,係数のパラメータがいくつか含まれるときでも解析することができ,その場合は安定であるためのパラメータの領域を導くことができる.

9.3 ナイキストの安定判別法と安定余裕

フィードバック制御を構成するとき,開ループ系の伝達関数からそのナイキスト軌跡(ベクトル軌跡)を描き,閉ループ系(フィードバック制御系)の安定性を判別することができる.このように,開ループ伝達関数のベクトル軌跡から閉ループ系の安定性をベクトル軌跡のグラフ特性から安定判別する手法がナイキストの安定判別法である.ナイキストの安定判別法は,単に安定判別だけでなく,図による手法であることが特徴であり,安定の程度(ゲイン余裕,位相余裕)を推測することができ,これをフィードバック制御系の設計指標として用いることができ

る利点がある．

開ループ伝達関数 $G_0(s)$ は一般に次のように

$$G_0 = \frac{N_0(s)}{D_0(s)} \tag{9.10}$$

分母多項式 $D_0(s)$ と分子多項式 $N_0(s)$ の有理関数として表すことができる．実システムとしてそれぞれの多項式の次数 n, m は次式を満たしているとする．

$$m < n$$

この開ループ伝達関数から閉ループ系の伝達関数 $G(s)$ は

$$G(s) = \frac{G_0(s)}{1+G_0(s)} = \frac{N_0(s)}{D_0(s)+N_0(s)} \tag{9.11}$$

と与えられるから，閉ループ系の特性方程式は次式のようになる．

$$D_0(s) + N_0(s) = 0 \tag{9.12}$$

すなわち，フィードバック制御系の特性方程式は開ループ系の分子多項式と分母多項式の和になる．あるいはこの特性方程式を $1+G_0(s)$ のままで取り扱い，これを $P(s)$ とおき，次式のように開ループ系伝達関数 $G_0(s)$ を複素変数 s を定義域とする複素関数と考えると，$P(s)$ はこの値域の実部を1だけシフトした複素関数である．安定性は特性方程式の根がすべて左半平面にあり，右半平面にないことであるから，この複素関数 $P(s)$ の零点が複素面の右半平面になくすべて左半平面あればよい．

$$P(s) = 1 + G_0(s) = 0 \tag{9.13}$$

いま，$P(s)$ が右複素平面に P 個の極と Z 個の零点を持っていると仮定する．複素平面上で $s=j\omega$ とおいて $P(s)$ のベクトル軌跡を考える．次のように $P(s)$ の位相を $\phi(s)$ とおくと

$$P(s) = |P(s)| e^{j\varphi(s)} \tag{9.14}$$

角周波数 ω を0か $+\infty$ に変化させ，さらに半径無限大で時計回りに半円周上を回り，$-\infty$ から0へ戻る軌跡を考え右半平面を一周するものとする．もし，このなかにすなわち右半平面に P 個の零点があると偏角が $2\pi P$ だけ変化することがわかる．同様にして，Z 個の極がある場合は $2\pi(-Z)$ だけ変化する．この領域以外の極と零点について同様に考えると，角周波数は最終的に元に戻るので偏角の差はない．したがって，偏角の差 $\Delta\phi$ は次式のように複素関数 $P(s)$ の右複素半平面に存在する極および零点の個数 P および Z から与えられる．

9.3 ナイキストの安定判別法と安定余裕

$$\Delta\varphi = (P-Z) \cdot 2\pi \tag{9.15}$$

したがって，右半複素平面に $P(s)$ の零点がない場合は

$$\Delta\varphi = P \cdot 2\pi \tag{9.16}$$

となる．さらに，極すなわち開ループ系の極が右半平面になければ $\Delta\varphi=0$ となる．

この $P(s)$ の偏角は式(9.13)より $G_0(s)-(-1)$ の偏角であるので複素平面上でみると，この角度は点 (-1) から $G_0(s)$ 点へのベクトルの偏角に等しい．すなわち，$P(s)$ の軌跡を考える代わりに $G_0(s)$ の軌跡を考え，複素平面の点 (-1) からのベクトルの偏角を考えても同じである．

以上のことを複素平面の図上で考えると，開ループ伝達関数 $G_0(s)$ の極が右半平面にない場合 $G_0(s)$ のベクトル軌跡が実軸上の点 (-1) を左に見て囲まないことを意味している．このようにして，開ループ伝達関数 $G_0(s)$ の軌跡から安定判別を行う手法がナイキストの安定判別法である．

ナイキストの安定判別法は開ループ伝達関数の極が右半平面にないとき，次のように述べることができる．

ナイキストの安定判別法

開ループ伝達関数のベクトル軌跡が複素平面で点 (-1) を左に見て原点に近づくとき，閉ループ系は漸近安定である．

たとえば，次のような開ループ系の伝達関数を考えてみよう．

$$G_0(s) = \frac{K}{s^3+2s^2+2s+1}$$

このナイキスト線図は $K=1$ のとき図9.1のようになる．点 (-1) を左に見て囲むことはない．したがって，安定である．

また，$K=10$ のときは図9.2のようになり，点 (-1) を囲むことから不安定である．

一方，1次遅れ系のナイキスト線図は図9.3のようになり，いくらゲインを上げても理論的に不安定になることはないが，これにむだ時間が入ると図9.4のようになり，ゲインが大きくなると点 (-1) を幾重にも囲むことになり，不安定となることがわかる．

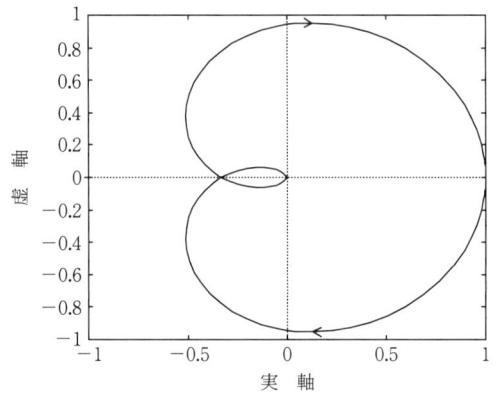

図 9.1 ナイキスト線図 ($K=1$)

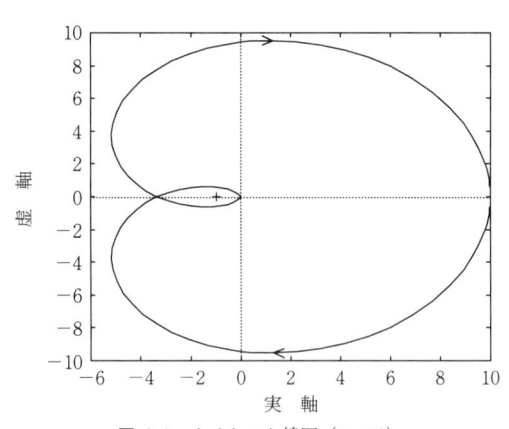

図 9.2 ナイキスト線図 ($K=10$)

したがって，簡単な1次遅れ系でもむだ時間がループ上に入ってしまうと容易に不安定になる．

以上のように，ナイキスト軌跡から安定性を判断することができるが，これと同時に点(-1)から軌跡が離れていればそれだけ安定性に余裕があると考えることができる．そこで，この軌跡から安定余裕としてゲイン余裕と位相余裕を定義する．ゲイン余裕は，ナイキスト軌跡が実軸と交わる点を考え，原点からの距離の逆数をデシベル単位で示した値である．この交点が原点に近ければその値は大きくなり，ナイキスト軌跡は点(-1)からより多く離れることになるので，その

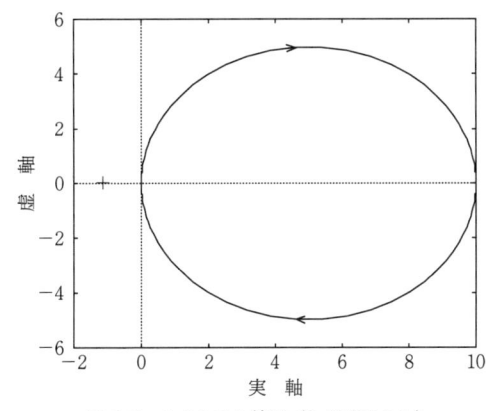

図 9.3 ナイキスト線図（むだ時間なし）

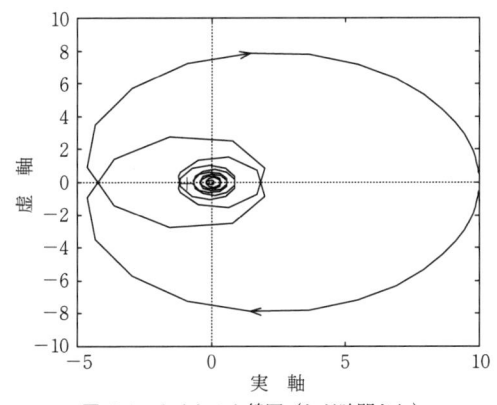

図 9.4 ナイキスト線図（むだ時間あり）

場合の閉ループ系はより安定の余裕があると考えられる．複雑な開ループでない場合はこの特性があてはまる．一般的な経験則から，定値制御系ではゲイン余裕は 3 dB から 10 dB の余裕が必要である．また，追値制御の場合は 10 dB から 20 dB であることが望ましい．

位相余裕はゲイン余裕と同じく，ナイキスト軌跡が原点を中心とし半径 1 の円を描いたとき交わる点の位相が $-180°$ からどの程度離れているかを角度(°)で示した値である．この値が大きいほど点(-1)から多く離れているので，安定性の程度としてこの値を用いることができる．一般に，定値制御では $20°$ 以上あればよいと考えられている．また，追値制御では特性に対する条件は厳しくなり，

40°～60°あればよいといわれている．

9.4 根 軌 跡 法

フィードバック制御系(図9.5)の制御ゲインの特性を解析する手法に根軌跡法がある．根軌跡の特徴を知ることによって，閉ループ系の特性を導出することができる．開ループ系の零点と極の配置が閉ループ系の特性方程式根の軌跡に関係づけられ，いくつかの性質を導くことができる．

いま開ループ系が $\alpha_i(i=1,\cdots,m)$ の零点と，$\beta_j(j=1,\cdots,n)$ の極を持ち，ゲインを $K(>0)$ とすると，その伝達関数は次式のようになる．

$$G(s)=KG_0(s)=K\frac{(s-\alpha_1)(s-\alpha_2)\cdots(s-\alpha_m)}{(s-\beta_1)(s-\beta_2)\cdots(s-\beta_n)} \tag{9.17}$$

ただし，$m<n$ で，分子・分母に共通の因子がないものとする．$(s-\alpha_i)$ および $(s-\beta_j)$ のそれぞれの偏角を $\phi_{\alpha i}$ および $\phi_{\beta j}$ とすると，次式のように大きさと偏角を用いた形でこれを表現することができる．

$$G(s)=KG_0(s)=K\frac{|(s-\alpha_1)||(s-\alpha_2)|\cdots|(s-\alpha_m)|}{|(s-\beta_1)||(s-\beta_2)|\cdots|(s-\beta_n)|}\exp\{j[(\varphi_{\alpha_1}+\varphi_{\alpha_2}$$
$$+\cdots+\varphi_{\alpha_m})-(\varphi_{\beta_1}+\varphi_{\beta_2}+\cdots+\varphi_{\beta_n})]\} \tag{9.18}$$

したがって，フィードバック制御系の特性方程式は

$$1+KG_0(s)=0 \tag{9.19}$$

であるから，次式を満たす複素変数 s がフィードバック制御系の特性根であり，ゲイン K を変えることによってその根の軌跡が与えられる．

$$G_0(s)=-\frac{1}{K} \tag{9.20}$$

したがって，この特性方程式を満たす根すなわち根軌跡は，次のように開ループ伝達関数の複素数の大きさと偏角についての拘束式になる．

$$\frac{|(s-\alpha_1)||(s-\alpha_2)|\cdots|(s-\alpha_m)|}{|(s-\beta_1)||(s-\beta_2)|\cdots|(s-\beta_n)|}=\frac{1}{K} \tag{9.21}$$

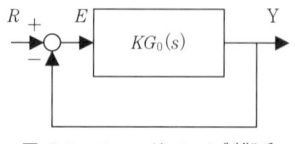

図 9.5 フィードバック制御系

かつ,
$$(\varphi_{\alpha_1}+\varphi_{\alpha_2}+\cdots+\varphi_{\alpha_m})-(\varphi_{\beta_1}+\varphi_{\beta_2}+\cdots+\varphi_{\beta_n})=\pm\pi(2k+1) \quad (9.22)$$
$$(k=0, 1, 2, \cdots)$$
である.

この二つの式(9.21)と(9.22)に基づいて,以下のような性質が導かれる.それぞれの証明は文献2)にある.

根軌跡の性質

性質1:特性方程式の係数が実数であることから,根は常に共役根を持つので根軌跡は実軸に関して対称である.

性質2:根軌跡は開ループ伝達関数の極から出発し,m 本が開ループ伝達関数の零点に漸近し,$(n-m)$ 本の軌跡が無限遠点に漸近する.これは,閉ループ伝達関数の特性方程式が次式で与えられるので,
$$P(s)=D_0(s)+KN_0(s)=0$$
この特性方程式は $K=0$ のとき $D_0(s)=0$ となり,$K=\infty$ のとき $N_0(s)=0$ なるからである.また,$n>m$ である場合には $(n-m)$ の零点が無限遠点に存在すると考えられるので,$(n-m)$ 本の軌跡は無限遠点に漸近する.

性質3:$(n-m)$ 本の無限遠点に漸近する軌跡の漸近線は,実軸上で次式の点 σ で交わる.
$$\sigma=\frac{1}{n-m}[\operatorname{Re}\{\beta_1\}+\operatorname{Re}\{\beta_2\}+\cdots+\operatorname{Re}\{\beta_n\}-\operatorname{Re}\{\alpha_1\}$$
$$-\operatorname{Re}\{\alpha_2\}-\cdots-\operatorname{Re}\{\alpha_m\}] \quad (9.23)$$
同時に,漸近線の傾きは
$$\mp\frac{\pi(2k+1)}{n-m} \quad (k=0, 1, 2, \cdots) \quad (9.24)$$
である.

性質4:実軸上の根軌跡は,最右の極または零点から右に奇数個の極あるいは零点があるようならその区間に根軌跡がある.

性質5:次式を満たす実軸上の点で重根を持つ.
$$\frac{1}{s-\beta_1}+\frac{1}{s-\beta_2}+\cdots+\frac{1}{s-\beta_n}=\frac{1}{s-\alpha_1}+\frac{1}{s-\alpha_2}+\cdots+\frac{1}{s-\alpha_m} \quad (9.25)$$

性質6:極からの出発角あるいは零点への入射角は,次式から求められる.

$$\varphi_{st}(\beta_i) = (\varphi_{\alpha_1} + \varphi_{\alpha_2} + \cdots + \varphi_{\alpha_m}) - (\varphi_{\beta_1} + \varphi_{\beta_2} + \cdots + \varphi_{\beta_n}) \pm \pi(2k+1)$$
$$\varphi_{ed}(\alpha_i) = -(\varphi_{\alpha_1} + \varphi_{\alpha_2} + \cdots + \varphi_{\alpha_m}) + (\varphi_{\beta_1} + \varphi_{\beta_2} + \cdots + \varphi_{\beta_n}) \pm \pi(2k+1)$$
(9.26)

性質7：根軌跡上のゲイン K の値は，次式で求められる．
$$K = \frac{|(s-\beta_1)||(s-\beta_2)|\cdots|(s-\beta_m)|}{|(s-\alpha_1)||(s-\alpha_2)|\cdots|(s-\alpha_n)|} \tag{9.27}$$

性質8：根軌跡の虚軸の左側では漸近安定であり，虚軸の右側で不安定になる．

例えば，これらの性質を用いて次のような開ループ伝達関数の根軌跡を求めてみよう．
$$G_0(s) = \frac{1}{s(s+2)(s+4)}$$

根軌跡は性質2から3本あり，すべて無限遠点に向かう．

性質3からその漸近線の実軸との交点 σ は
$$\sigma = -\frac{(-2-4)}{3} = -2$$

で，漸近線の傾きは
$$\mp \frac{\pi}{3}(2k+1) \qquad (k=0, 1, 3, \cdots)$$

である．実際この根軌跡は図9.6のようになる．

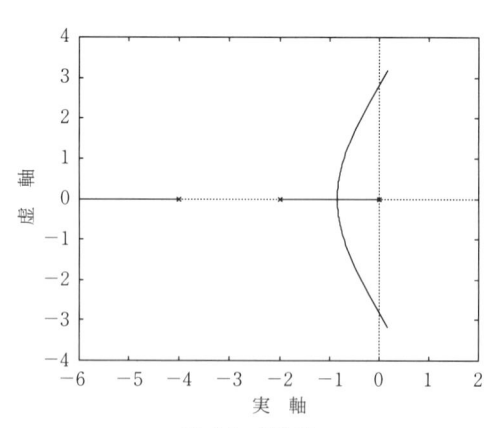

図 9.6 根軌跡

> **コラム**　　　マックスウェルとラウス
>
> 　電磁気学で有名なマックスウェルは，ラウスとはケンブリッジ大学で同じ物理学を専攻する同級生であった．研究ではライバルどうしであったと考えられる．ともに数学が得意であったが，大学の成績はラウスが主席でマックスウェルは次席だったようである．マックスウェル(1831～1879年)は天才的な面があり，体が弱く若くして亡くなった．

演習問題

9.1 次の特性方程式を持つ制御系の安定性をラウスの安定判別法で調べよ．
$$s^4+s^3+2s^2+s+1=0$$

9.2 次の特性方程式を持つ制御系が安定であるためのパラメータ K の範囲をフルビッツの安定判別法で求めよ．
$$s^4+s^3+2s^2+s+K=0$$

9.3 開ループ伝達関数が次式で与えられている．このナイキスト軌跡を図示せよ．
$$G_0(s)=\frac{1}{s(s+10)}$$
また，位相余裕を求めよ．

9.4 開ループ伝達関数が問題3で与えられたものと同じであるとしよう．その根軌跡を求めよ．

9.5 根軌跡の性質5を導け．

参 考 文 献

1)　久村富待：制御システム論の基礎，共立出版 (1988)
2)　藤井澄二編：制御工学Ⅰ，Ⅱ，Ⅲ(岩波講座基礎工学 20)，岩波書店 (1968)

第10章
フィードバック制御系の特性

制御系を設計するには，まず制御系の仕様を定めなければならない．そこで，制御系のスペックを規定する規範が必要となる．この規範には，過渡特性，周波数特性，定常特性がある．本章では，これらについて具体的に述べる．ただし，制御系が安定であるという前提条件が満たされているものとする．

10.1 フィードバック制御系の過渡特性

制御系の過渡特性はステップ入力に対する系の応答に基づいて，速応性と減衰性の観点から評価される．すなわち，実際の時間応答波形により評価される．図10.1に代表的なステップ応答波形を示す．なお，この応答波形の定常値と目標値は等しくなるものとする．この波形に対して，以下のような特性量がある．

1) 最大行き過ぎ量（最大オーバシュート）(maximum overshoot) a_1：出力値が目標値を通り越し，出力値と目標値との差が最大となる値．
2) 立ち上がり時間 (rise time) T_r：出力値が目標値の10%から90%の値に達するまでの時間．
3) 遅延時間 (delay time) T_d：出力値が目標値の50%の値に達するまでの時

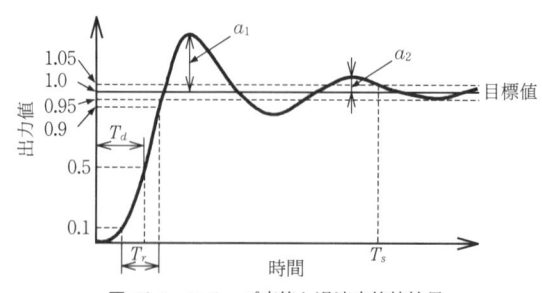

図 10.1 ステップ応答と過渡応答特性量

間.

4) 整定時間(settling time) T_s：出力値が目標値に整定したと考えられる許容範囲，定常値の $\pm 5\%$（または $\pm 2\%$）以内に入ってしまうまでの時間.
5) 振幅減衰率(damping factor of magnitude)：出力のオーバシュートで隣り合うピーク値の比，a_1/a_2.

制御系の速応性を評価するものとして，立ち上がり時間，遅延時間が用いられ，減衰性に関しては，最大行き過ぎ量，振幅減衰率，整定時間が用いられる．また，最大行き過ぎ量は安定度の目安としても使われる．

次に，フィードバック制御系の伝達関数が式(10.1)の2次系で与えられるものを考え，固有角周波数(natural angular frequency) ω_n，減衰係数(damping coefficient) ζ と上記の特性量との間にどのような関係があるかをみる．なお，ζ は減衰比とも呼ばれる.

$$\frac{Y(s)}{R(s)} = \frac{\omega_n^2}{s^2 + 2\zeta\omega_n s + \omega_n^2} \tag{10.1}$$

図10.2に ω_n を一定とし，ζ を変化させたときのステップ応答波形を示す．$\zeta=0$ では減衰がなく，振動が持続している．$0<\zeta<1$ の範囲ではオーバシュートが存在し，ζ が大きいほど最大行き過ぎ量は小さく，振動も早く減衰する．$\zeta \geq 1$ ではオーバシュートは存在しないが，目標値に到達する時間が遅くなる．ま

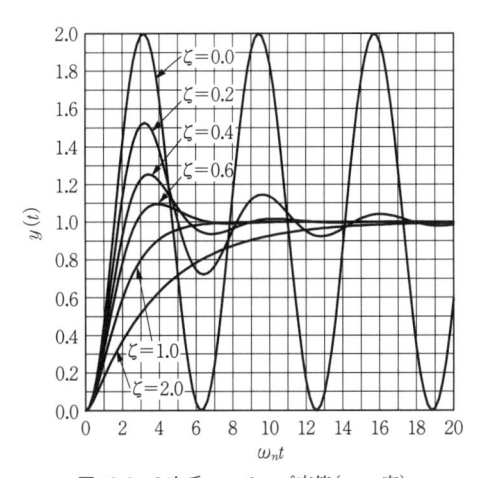

図10.2 2次系のステップ応答(ω_n一定)

た，図 10.2 は横軸を $\omega_n t$ としているので，ω_n を大きくすると波形は横方向に圧縮されたものになる．すなわち，振動の周期が短くなり，立ち上がり時間や整定時間も短くなる．実際に $0<\zeta<1$ におけるステップ応答を計算してみると

$$y(t) = L^{-1}\left[\frac{\omega_n^2}{s(s-p_1)(s-p_2)}\right]$$

$$= L^{-1}\left[\frac{1}{s} + \frac{1}{2}\frac{-1+j\zeta/\sqrt{1-\zeta^2}}{s-p_1} + \frac{1}{2}\frac{-1-j\zeta/\sqrt{1-\zeta^2}}{s-p_2}\right]$$

$$= 1 - e^{-\zeta\omega_n t}\left(\cos\omega_n\sqrt{1-\zeta^2}\,t + \frac{\zeta}{\sqrt{1-\zeta^2}}\sin\omega_n\sqrt{1-\zeta^2}\,t\right)$$

$$= 1 - \frac{e^{-\zeta\omega_n t}}{\sqrt{1-\zeta^2}}\sin(\omega_d t + \phi) \tag{10.2}$$

となる．ここで，$j^2 = -1$ で，$\cos\phi = \zeta$ または $\tan\phi = \sqrt{1-\zeta^2}/\zeta$ であり，$\omega_d = \omega_n\sqrt{1-\zeta^2}$ である．

式(10.2)は，ω_n と ζ をパラメータとしており，これらの値によってステップ応答の形が決定されることを示している．一方，式(10.1)の特性根(極) $p_{1,2} = -\zeta\omega_n \pm j\omega_n\sqrt{1-\zeta^2}$ の位置を図示すると図 10.3 のようになり，極と原点との距離が ω_n を表し，極と原点とを結ぶ線の傾きが ϕ を表す．すなわち，極の位置が決まればステップ応答の形も決まる．つまり，ステップ応答の形が望みのものとなるように制御系を設計することは，極の位置を決定することにほかならない．この概念は，制御系設計において非常に重要なものとなる．

高次システムについても，この２次系システムの関係から応答波形をある程度

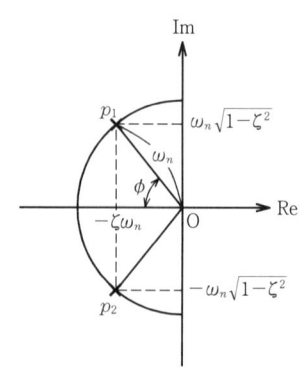

図 10.3 ２次系の極の位置

類推することができる．ただし，零点が存在する場合には，零点の位置によって過渡応答の形が大きく異なるので注意する必要がある．

10.2 周波数特性と時間特性との関係

制御系を設計する際には，時間特性だけではなく周波数特性を見極める必要がある．時間応答では実際の出力波形をみることができるのでわかりやすく感じるが，インパルスやステップ状のある特定入力に対する出力波形をみているにすぎない．任意の入力に対する出力応答を吟味するのには，周波数特性を調べる必要がある．信号がどのような周波数成分をもっているかは，フーリエ変換（フーリエ級数展開）により調べることができる（第8章参照）．周波数特性を表す特性量として，以下のようなものがある．ただし，ゲイン余裕と位相余裕に関する説明は前述（第9章）されているので，ここでは省略する．

1) ゲイン余裕
2) 位相余裕
3) バンド幅（周波数帯域幅）(bandwidth) ω_{bw}：フィードバック制御系の伝達関数のゲイン曲線が図 10.4 のようになったとき，角周波数 ω が 0 であるときのゲイン（ここでは 0 dB）の $1/\sqrt{2} \cong 0.707$ 倍，すなわち，3 dB 下がる角周波数 ω_b までの周波数範囲．
4) ピークゲイン（共振ピーク）(resonant peak) M_p：図 10.4 におけるゲインのピークの最大値．なお，このときの角周波数 ω_p を共振角周波数 (resonant angular frequency) と呼ぶ．ゲインが 0 dB より大きくなるということ

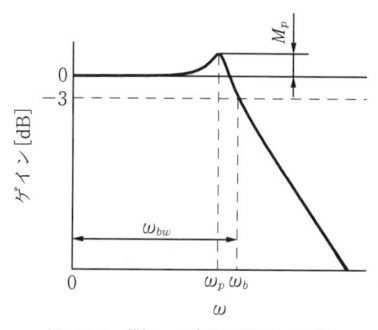

図 10.4 閉ループ系のゲイン曲線

図 10.5 2次系のボード線図

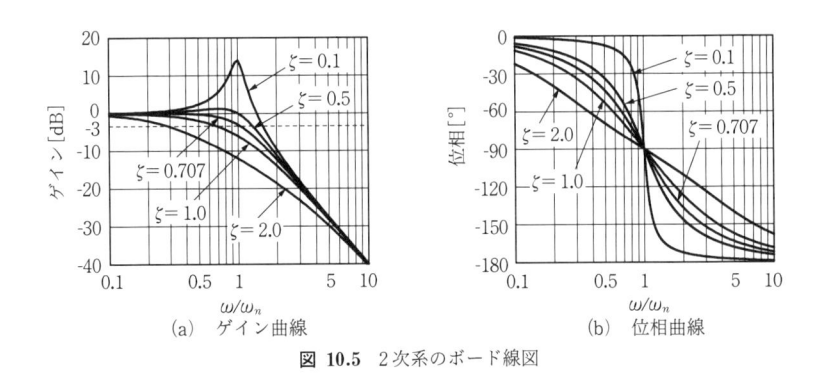

は，出力波形の振幅値が入力波形の振幅値より大きくなることを意味する．

このような現象を共振(resonance)と呼ぶ．

周波数特性と時間特性の関係をみるために，フィードバック制御系の伝達関数が式(10.1)となるものを考える．この伝達関数のボード線図を図10.5に示す．図10.5(a)のゲイン曲線において，ζ の値によらず低周波数域では約0dBとなっており，固有角周波数 ω_n より十分遅い入力に出力は影響を受けて応答することがわかる．どのあたりまでの高い周波数，すなわち，速い時間変化をする入力に出力が応答するのかを表す速応性の指標がバンド幅 ω_{bw} である．バンド幅が広ければ，速応性の高い制御系であるといえる．図10.5(a)は，ζ の値が小さいほど，また，ω_n の値が大きいほどバンド幅が広がり，速応性が増すことを表している．これは，図10.2の関係と一致する．次に，ピークゲイン M_p であるが，ζ の値が小さくなるに従い，M_p の値はしだいに大きくなる．この M_p の大きさと最大行き過ぎ量 a_1 には対応関係があり，a_1 が大きいほど M_p も大きくなる．すなわち，M_p は減衰特性の指標となり，さらに，安定性にも関係する．

図10.5(b)の位相曲線をみると，ζ の値によらず $\omega=\omega_n$ で出力波形の位相が入力より90°だけ遅れているが，$\omega<\omega_n$ においては ζ の値が小さいほど位相の遅れが小さく，入力に出力が遅れなく追従することがわかる．

10.3 フィードバック制御系の定常特性と内部モデル原理

ここまで，過渡特性についてみてきたが，出力が最終的にどのような値に収束するのかを調べることも重要である．時間が十分経過した定常状態の応答を定常

10.3 フィードバック制御系の定常特性と内部モデル原理

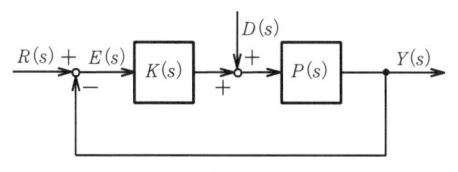

図 10.6 1入出力の直結フィードバック制御系

応答，その特性を定常特性という．定常状態における入力（目標値）と出力（制御量）との偏差を定常偏差 (steady-state error) と呼び，この値が定常特性の特性量として用いられる．特に，目標値がステップ入力の場合の定常偏差をオフセット (offset) と呼ぶ．

図 10.6 に示す 1 入出力の直結フィードバック制御系について考える．ここでの直結とは，出力値をそのままフィードバックすることを意味している．図において，$P(s)$ と $K(s)$ はそれぞれ制御対象と制御器の伝達関数であり，$E(s)$，$D(s)$，$R(s)$，$Y(s)$ はそれぞれ偏差，外乱，目標値，出力のラプラス変換値である．図 10.6 より偏差 $E(s)$ は

$$E(s) = \frac{1}{1+G(s)} R(s) - \frac{P(s)}{1+G(s)} D(s), \quad G(s) = P(s)K(s) \tag{10.3}$$

として求められ，$E(s)$ の右辺第 1 項は目標値による偏差，第 2 項は外乱による偏差である．$G(s) = P(s)K(s)$ は開ループを一巡したときの伝達関数であるので一巡伝達関数 (loop transfer function) あるいは開ループ伝達関数 (open loop transfer function) と呼ばれる．定常偏差はラプラス変換における最終値の定理を用いて

$$\lim_{t \to \infty} e(t) = \lim_{s \to 0} sE(s) \tag{10.4}$$

により求められる．

10.3.1 目標値に対する定常偏差

目標値入力に対する定常偏差を考えるので，外乱がないものとし $d(t) = 0$，すなわち $D(s) = 0$ として考える．

（1）定常位置偏差

ステップ状の目標値に対する定常偏差を定常位置偏差 (steady-state position

error)という．$R(s)=L[1]=1/s$ を式(10.3)に代入し，式(10.4)より定常位置偏差 e_p は

$$e_p = \lim_{s \to 0} s \frac{1}{1+G(s)} \frac{1}{s} = \frac{1}{1+\lim_{s \to 0} G(s)} = \frac{1}{1+K_p} \tag{10.5}$$

となる．ここで，K_p を位置偏差定数(position error constant)と呼び，

$$K_p = \lim_{s \to 0} G(s) \tag{10.6}$$

と定義する．

（2） **定常速度偏差**

一定速度で変化するランプ状の目標値に対する定常偏差を定常速度偏差 (steady-state velocity error)という．$R(s)=L[t]=1/s^2$ より，定常速度偏差 e_v は

$$e_v = \lim_{s \to 0} s \frac{1}{1+G(s)} \frac{1}{s^2} = \frac{1}{\lim_{s \to 0} sG(s)} = \frac{1}{K_v} \tag{10.7}$$

となる．ここで，K_v を速度偏差定数(velocity error constant)と呼び，

$$K_v = \lim_{s \to 0} sG(s) \tag{10.8}$$

と定義する．

（3） **定常加速度偏差**

一定加速度で目標値が変化する場合の定常偏差を定常加速度偏差(steady-state acceleration error)という．$R(s)=L[t^2/2]=1/s^3$ より，定常加速度偏差 e_a は

$$e_a = \lim_{s \to 0} s \frac{1}{1+G(s)} \frac{1}{s^3} = \frac{1}{\lim_{s \to 0} s^2 G(s)} = \frac{1}{K_a} \tag{10.9}$$

となる．ここで，K_a を加速度偏差定数(acceleration error constant)と呼び，

$$K_a = \lim_{s \to 0} s^2 G(s) \tag{10.10}$$

と定義する．

図10.7にこれらの定常偏差を図示する．なお，上記で考えた目標値が定数 a 倍されたときには，定常偏差 e_p，e_v，e_a もそれぞれ a 倍される．

（4） **制御系の型と定常偏差**

図10.6の制御系における一巡伝達関数は，一般に次式のように表される．

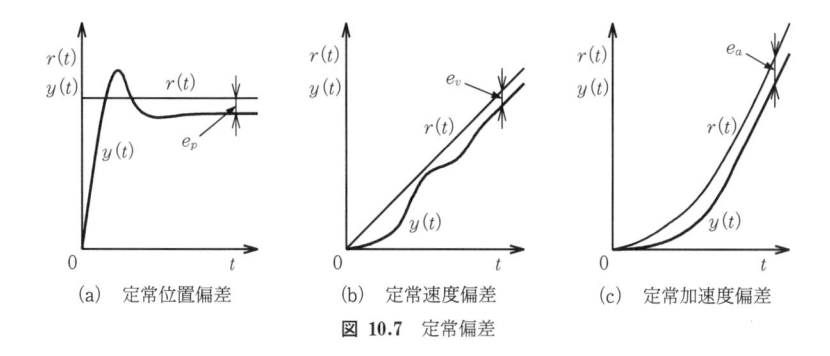

10.3 フィードバック制御系の定常特性と内部モデル原理

(a) 定常位置偏差　(b) 定常速度偏差　(c) 定常加速度偏差

図 10.7　定常偏差

表 10.1　制御系の型と定常偏差

制御系の型	定常位置偏差 （ステップ入力）	定常速度偏差 （ランプ入力）	定常加速度偏差 （加速度入力）
0	$\dfrac{1}{1+K_p}$	∞	∞
1	0	$\dfrac{1}{K_v}$	∞
2	0	0	$\dfrac{1}{K_a}$

$$G(s) = \frac{b_m s^m + b_{m-1} s^{m-1} + \cdots + b_1 s + b_0}{s^l (a_n s^n + a_{n-1} s^{n-1} + \cdots + a_1 s + a_0)} \tag{10.11}$$

一巡伝達関数中の積分器の個数 l により定常偏差の値が決定されるので，一巡伝達関数に l 個の積分器をもつ制御系は l 型の制御系と呼ばれる．制御系の型と定常偏差の関係を表 10.1 に示しておく．

10.3.2　外乱に対する定常偏差

外乱のみの影響をみるために，式(10.3)において $R(s)=0$ の場合を考える．ステップ状の外乱が加わったときの定常偏差は

$$\lim_{s \to 0} s \frac{-P(s)}{1+P(s)K(s)} \frac{1}{s} = \frac{-P(0)}{1+P(0)K(0)} \tag{10.12}$$

となるので，定常偏差を 0 にするのは $P(0)=0$ もしくは $P(0)K(0)=\infty$ である．これは，制御対象 $P(s)$ に微分特性 s をもつか，一巡伝達関数 $P(s)K(s)$ に積分器 $1/s$ を 1 個以上もつ 1 型以上の制御系にするかを意味する．しかし，一

般には目標値と外乱の両者に対する定常偏差を0にすることが重要であるので，先に述べたように，制御器 $K(s)$ に必要な個数だけ積分器をつけて1型以上の制御系にする必要がある．

10.3.3 内部モデル原理

定常偏差をなくすには，表10.1に示すように，ステップ入力 $1/s$ では1型，ランプ入力 $1/s^2$ では2型，加速度入力 $1/s^3$ では3型以上の制御系が必要であった．いいかえると，ラプラス変換した入力 $1/s^l$ に対する定常偏差をなくすには，その入力モデル $1/s^l$ を一巡伝達関数に含んでいなければならないということである．この性質は，内部モデル原理(internal model principle)と呼ばれる．この原理は，閉ループ系の定常特性が開ループ系の伝達関数の特性により表されることを意味し，目標値に定常偏差なく追従するサーボ系(servo system)の設計にとって重要な原理となる．この原理は周期入力についてもなりたつ．

最後に，本章で述べてきた特性量をどのような値にすればよいかは，対象や制御目的により異なるために一概にはいえないが，経験的に推奨値が与えられているので，それらの値を表10.2にあげておく．

表 10.2 制御系の特性量の推奨値

(a) 過渡応答（ステップ応答）

最大行き過ぎ量	a_1	目標値の 18～30%
立ち上がり時間 整定時間	T_r T_s	最大行き過ぎ量で決まる
定常偏差	$e(\infty)$	0が理想であるが，0とならない場合は許容範囲(例えば，目標値の 1% や 5% など)以内
減衰比	ζ	サーボ系（追従制御）：0.6～0.8 プロセス系（定値制御）：0.2～0.5

(b) 周波数応答

ゲイン余裕	GM	サーボ系：12 dB プロセス系：3 dB
位相余裕	PM	サーボ系：40° プロセス系：20°
バンド幅	ω_{bw}	有意な入力の最高周波数
ピークゲイン	M_p	1.1～1.5，1.3 が多く採用される

> **コラム** 時間応答と周波数応答どちらが大事?
>
> 制御系の設計や解析を行うとき,時間応答と周波数応答のどちらが大事なのでしょうか? 答えは両方です.時間応答では,ある特定の入力に対する出力波形が詳細に得られますが,周波数応答では,さまざまな入力に対する出力の傾向がつかめます.したがって,制御系を設計する際には,周波数領域で大域的な傾向を把握し,時間領域で細かな調整をすることになります.制御工学における時間領域と周波数領域での解析は,車の両輪と同じです.どちらか一方が欠けると車が真っ直ぐに進まないように,どちらも大事なのです.

演習問題

10.1 式(10.2)より最大行き過ぎ量 a_1 および2%以内への整定時間 $T_s|_{2\%}$ を求めよ.

10.2 式(10.1)で表される伝達関数の $0<\zeta<1/\sqrt{2}$ における共振角周波数 ω_p ならびにピークゲイン M_p を求めよ.

10.3 一巡伝達関数 $G(s)$ が以下となる制御系において,位置,速度ならびに加速度定常偏差 e_p, e_v, e_a をそれぞれ求めよ.また,制御系の型はいくつか.

(a) $G(s) = \dfrac{s}{s+2}$ (b) $G(s) = \dfrac{\omega_n^2}{s^3 + 2\zeta\omega_n s^2 + \omega_n^2 s}$

(c) $G(s) = \dfrac{5(s+2)}{s^2(s+1)(s+4)}$

10.4 図10.6における制御器 $K(s)$ ならびに制御対象 $P(s)$ が以下のように与えられ,目標値 $r(t)=2$ と外乱 $d(t)=0.1$ がともに加わったときの定常偏差 $e(\infty)$ を求めよ.

(a) $K(s) = \dfrac{1}{s}$, $P(s) = \dfrac{s}{s+1}$ (b) $K(s) = \dfrac{1}{s^2}$, $P(s) = \dfrac{s}{s+1}$

10.5 問題4の解答結果を内部モデル原理により説明せよ.

参考文献

1) 明石 一:制御工学,共立出版(1979)
2) 古田勝久ほか:メカニカルシステム制御,オーム社(1984)
3) 片山 徹:フィードバック制御の基礎,朝倉書店(1987)
4) 小林伸明:基礎制御工学,共立出版(1988)
5) 小西正躬ほか:生産システム工学,朝倉書店(2001)
6) 杉江俊治,藤田政之:フィードバック制御入門,コロナ社(1999)

第11章 制御系の設計

本章では，制御対象を制御し思いどおりの周波数特性，時間特性をもったシステムを構築するためには，どのようにコントローラを設計すればよいのか．また，その際の問題点や制約は何か．さらに，時間遅れや干渉を持った制御対象に対してどのような対策をとればよいのか．などを明らかにしていく．

11.1 フィードバック制御系設計の基本的考え方

フィードバック制御系はなぜ必要なのだろうか．もし，現実のモデル(実モデル)と設計上想定されたモデル(ノミナルモデル)の相違(以下，モデル化誤差と呼ぶ)がなければ，また，摩擦やノイズなどの外乱が存在しなければ，第4章で示したようにフィードフォワード制御だけで十分である．モデルを $P(s)$，指令値を r としたときに，逆モデル $P(s)^{-1}$ をその間に挿入すれば出力 y は $y = P(s)^{-1}P(s)r = r$ となり，常時システムは指令値に一致するからである．

しかし，現実にはそのような理想状態は存在せず，外乱やモデル化誤差のため指令値と出力は一致しないため，フィードバック制御系が要求されることになる．

11.1.1 フィードバック制御系に要求される特性

では，優れたフィードバック制御系とはいかなるものであろうか．理想状態を実現すればよいのだから，以下の三条件を満たせばよい．

1) 追従性がよい：システムは可能な限り指令値どおりに動作する．
2) 外乱除去特性がよい：システムは外乱があっても，可能な限りその影響を受けない．
3) ロバスト安定性に優れる：システムにモデル化誤差が生じても，制御系全

体が安定である．

この三つの条件をできるだけ満たすように，フィードバック制御系は設計されなければならない．

11.1.2 コントローラに要求される特性

この三つの条件を満たすためにはコントローラ K は，どのような特性をもたなければならないのか，各条件ごとに要求される特性をみる．

(1) システムは可能な限り指令値どおりに動作する

図 11.1 においてモデル化誤差がないとしたとき，指令値 r から偏差 e への伝達関数は

$$\frac{E(j\omega)}{R(j\omega)} = \frac{1}{1+P(j\omega)K(j\omega)}$$
$$= S(jw) \tag{11.1}$$

で表される．ここで「可能な限り指令値どおりに動作する」とは，$E(j\omega)/R(j\omega) \cong 0$ であるから，そのためにはあらゆる周波数領域で $P(j\omega)K(j\omega) \gg 1$ でなければならない．一般に，$P(j\omega)$ は低周波領域で大きく，高周波領域で小さいから，コントローラ K は，低周波領域はもちろん，特に高周波領域で大きなゲインを持つことが要求される．なお，$E(j\omega)/R(j\omega)$ を $S(j\omega)$ で表し，感度関数と呼ぶ．

(2) システムは外乱があっても可能な限りその影響を受けない

図 11.1 においてモデル化誤差がない ($\Delta(s) = 0$) としたとき，d から e への伝達関数は，

$$\frac{E(j\omega)}{D(j\omega)} = \frac{P(j\omega)}{1+P(j\omega)K(j\omega)}$$
$$= P(j\omega)S(j\omega) \tag{11.2}$$

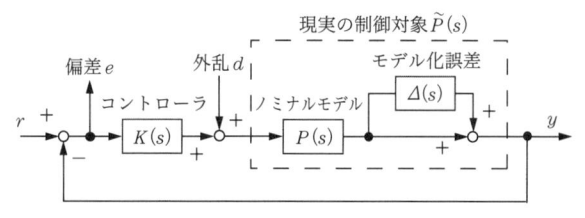

図 11.1 フィードバックシステムの構成

で表される．ここで「可能な限り外乱の影響を受けない」とは，$E(j\omega)/D(j\omega)$
$\cong 0$ であるから，そのためにはあらゆる周波数領域で $P(j\omega)K(j\omega) \gg P(j\omega)$，す
なわち $K(j\omega) \gg 1$ でなければならない．一般に，$D(j\omega)$ は低周波領域で大きいか
ら，コントローラ K に対しては，高周波領域はもちろん，特に低周波領域で大
きなゲインを持つことが要求される．

（3） モデル化誤差があっても，制御系全体が安定である

図 11.1 において $\varDelta(s)$ がモデル化誤差を表し，このような構造でとらえるモ
デル化誤差を乗法変動と呼ぶ．ノミナルモデルと実モデルが一致していれば，
$\varDelta(s)=0$ である．

ここで，図 11.2(a) のようにループを×点で切断したうえで，a を入力，b を
出力として得られる伝達関数は

$$\frac{b}{a} = -\frac{K(j\omega)P(j\omega)}{1+K(j\omega)P(j\omega)}$$
$$= -T(j\omega) \qquad (11.3)$$

で与えられ，×点を接続したもとのフィードバック制御系は，簡単に図 11.2(b)
で表される．ここで，$T(s)$ を相補感度関数と呼ぶ．このとき，この制御系が安
定である条件は，① ノミナルモデルにかかわる相補感度関数 $T(s)$ が安定であ
ること，② モデル化誤差にかかわる一巡伝達関数 $T(j\omega)\varDelta(j\omega)$ の大きさが周波
数領域にかかわらず 1 未満（$|T(j\omega)\varDelta(j\omega)|<1$）であること，の 2 点であること
が知られている．これは，次のように考えると理解しやすい．すなわち，a 点，
あるいは b 点に何らかのノイズが入り込んだとする．もし，$T(j\omega)\varDelta(j\omega)$ の大き
さが 1 以上であれば，このノイズはループをぐるぐる回るうちに拡大し，やがて
ループ全体を発振に至らしめる．一方，1 未満であればノイズはやがて縮小し，
消失する．

結局，ノミナルモデルにおいてフィードバックシステムを安定にし，かつ以下

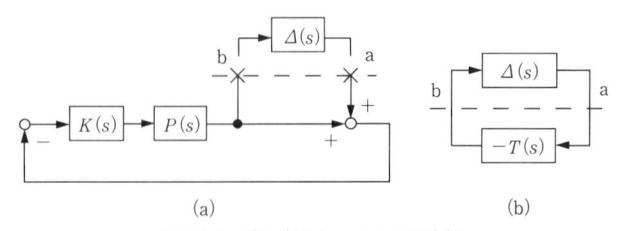

図 11.2 乗法変動とロバスト安定性

の関係を満足するようにコントローラが設計されていればよい．

$$|T(j\omega)| < 1/|\varDelta(j\omega)| \tag{11.4}$$

このことは，$\varDelta(j\omega)$ の大きい周波数領域では $P(j\omega)K(j\omega) \ll 1$ でなければならないことを示している．一般に，モデル化誤差 $\varDelta(j\omega)$ は高周波領域で大きいから，コントローラ K は高周波領域で小さなゲインをもつことが要求される．

11.1.3 制御系設計の難しさ

前節までの説明でコントローラの特性が理解できたが，大きな矛盾を抱えていることがわかる．

矛盾 1：条件 (1)，(2) を満たそうすると制御系が不安定になる．

第 9 章で述べたように，制御系が安定であるためには，位相余裕，ゲイン余裕が確保されていなければならない．あるいはベクトル軌跡は -1 の点を左に見て回らなければならない．しかし，条件 (1)，(2) を満たすためにコントローラのゲインを全周波数領域に渡って単純に上げたのでは，この安定条件を満たせなくなってしまう．

矛盾 2：条件 (1)，(2) と (3) を同時に満たすコントローラ K は存在しない．

条件 (1) および (2) と (3) は，かたや大きなゲインを要求し，かたや小さなゲインを要求する．このことは，制御系の追従性や外乱除去特性とロバスト安定性が相反することを示している．$T(s)$，$S(s)$ の関係は，式 (11.1) と式 (11.3) より

$$T(s) + S(s) = 1 \tag{11.5}$$

であるから，ともに同じ周波数領域で T と S を下げることはできない．すなわち，共通の周波数領域で外乱の影響を抑え，かつ，ロバスト性を確保することは不可能である．モデル化誤差に強いコントローラをつくるためには，追従性や外乱特性を犠牲にせざるを得ず，一方，追従性や外乱特性をよくするためには，モデル化誤差の影響を受けやすくせざるをえない．

以上のことから，実現可能なコントローラは低周波領域では外乱に着目しゲインを上げ，高周波領域ではモデル化誤差に着目しゲインを下げるなどの工夫が必要となる．このように，開ループのゲインに着目してコントローラを設計することをループ整形と呼ぶ．図 11.3 は，低周波領域のゲインを $H_L(j\omega)$ 以上に上げることで外乱を抑え，高周波領域のゲインを $H_U(j\omega)$ 以下に抑えてロバスト安定性を確保するように $P(j\omega)K(j\omega)$ を設定することを表している．

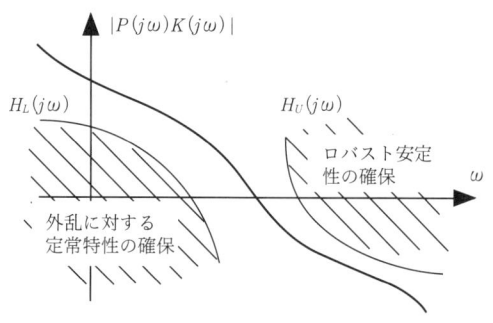

図 11.3 開ループ伝達関数の整形

コントローラの設計とは，結局，こうした矛盾や相反関係を上手に妥協させながら，いかに三つの条件を満足させる解を見いだすかに他ならない．

11.2 位相進み—遅れ補償

本節以降では，具体的なコントローラを取りあげ，制御系の設計方法について例をあげて述べる．

制御系を設計する場合，8.3 節や 10.1 節で述べたように一巡伝達関数 $P(j\omega)K(j\omega)$ のゲイン余裕，位相余裕をもたせながら，できるだけコントローラのゲインを上げて所望の制御系特性を得る必要がある．本節では，具体的なコントローラとして「位相進み補償器」と「位相遅れ補償器」についての設計方法を述べる．なお，通常は，位相余裕 40°程度以上，あるいはゲイン余裕 10 dB 程度以上に設定する．余裕がこれ以下の場合，クローズループにしたときに行き過ぎ量が大き過ぎる，応答が振動的になるなどの不具合が生じるためである．

11.2.1 位相進み補償

位相進み補償器用いた制御系の構成を以下に示す．

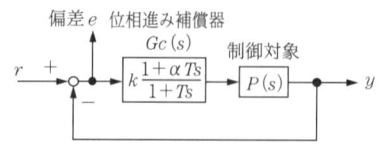

図 11.4 位相進み補償器を用いたフィードバック制御系

11.2 位相進み—遅れ補償

位相進み補償器とは伝達関数が

$$G_c(s) = k\frac{1+\alpha Ts}{1+Ts} \quad (k>0,\ T>0,\ \alpha>1)$$

で表されるコントローラである．そのボード線図を以下に示す．特徴は，角周波数 ω_m で位相を ϕ_m 持ち上げ，位相余裕を確保することである．また，ϕ_m, α, T の関係は，$\sin\phi_m = \dfrac{\alpha-1}{\alpha+1}$, $\omega_m = \dfrac{1}{T\sqrt{\alpha}}$ である．

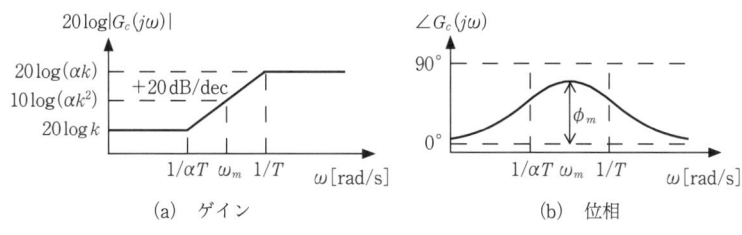

図 11.5 位相進み補償器のボード線図

【設計例 11.1】 制御対象を

$$P(s) = \frac{1}{s(s+1)}$$

としたとき，次の設計仕様を満たす位相進み補償器を求めよ．

1) 定常特性：指令値 $r(t) = v_0 t$（傾き v_0 の時間比例入力）に対し，偏差 $e(\infty) \leq 0.1 v_0$
2) 安定性：目標位相余裕 $\phi > 45°$

[**step 1**] ゲイン k の決定

10.3.1 項の定常偏差の導出より，

$$e(\infty) = \frac{v_0}{k_v} \leq 0.1 v_0 \Longrightarrow k_v \geq 10$$

$$k_v = \lim_{s\to 0} s G_c(s) P(s) = \lim_{s\to 0} \frac{sk(1+\alpha Ts)}{1+Ts} \frac{1}{s(s+1)} = k \Longrightarrow k = 10$$

[**step 2**] 位相進め角 ϕ_m の決定

$k=10$ としたとき，$kP(s)$ のゲイン交差周波数 ω_c は，図 11.6 より，$\omega_c = 3.1$ rad/s，位相は $-162°$．よって，位相余裕は $18°$ なので目標とする余裕に $32°$ 足りない．そこで位相進め角 $\phi_m = 30°$ と定める．

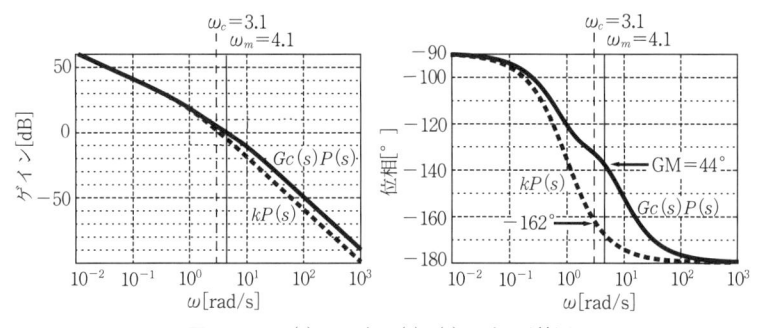

図 11.6 $kP(s)$ および $G_c(s)P(s)$ のボード線図

[**step 3**] α の決定
$$\sin 30° = \frac{\alpha-1}{\alpha+1} \Longrightarrow \alpha = 3$$

[**step 4**] ω_m の決定

位相が ϕ_m 進む周波数では，位相補償器そのものによって一巡伝達関数のゲインが $10\log\alpha [\mathrm{dB}] = 4.8\,\mathrm{dB}$ 上昇することになる．このため，もとのボード線図で $-4.8\,\mathrm{dB}$ だった $4.1\,\mathrm{rad/s}$ が新たな位相補償後のゲイン交差周波数 ω_m となる．

[**step 5**] T の決定
$$\omega_m = 4.1 = \frac{1}{T\sqrt{\alpha}} \text{ より } T = 0.141$$

[**step 6**] 仕様達成のチェック

得られた補償器による一巡伝達関数は
$$G_c(s)P(s) = \frac{10(1+0.412s)}{1+0.141s} \frac{1}{s(s+1)}$$

となる．このときの位相余裕を計算すると $44°$ となり，ほぼ，仕様どおりである．

11.2.2 位相遅れ補償

位相遅れ補償器とは伝達関数が
$$G_c(s) = k\frac{1+\alpha Ts}{1+Ts} \quad (k>0,\ T>0,\ 1>\alpha>0)$$

11.2 位相進み—遅れ補償

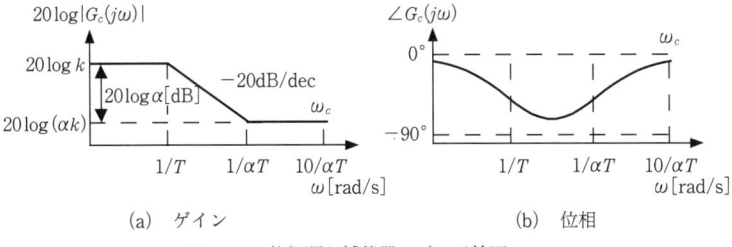

図 11.7 位相遅れ補償器のボード線図

で表されるコントローラである．位相進みとの違いは，a の範囲である．特徴は，角周波数 ω_c でゲインを a 下げ，ゲイン余裕を確保する点にある．制御系の構成は，図 11.4 の位相進み補償器を位相遅れ補償器に入れ替えたものになる．

【設計例 11.2】 制御対象を

$$P(s) = \frac{1}{s(0.1s+1)(0.2s+1)}$$

としたとき，次の設計仕様を満たす位相遅れ補償器を求めよ．
1) 定常特性：指令値 $r(t) = v_0 t$（傾き v_0 の時間比例入力）に対し，偏差 $e(\infty) \leq 0.033 v_0$ ときわめて小さく設定．
2) 安定性：位相余裕 $\phi > 40°$

[step 1] ゲイン k の決定

9.3 節の定常偏差の結果より，

$$e(\infty) = \frac{v_0}{k_v} \leq 0.033 v_0 \Longrightarrow k_v \geq 30$$

$$k_v = \lim_{s \to 0} s G_c(s) P(s) = \lim_{s \to 0} \frac{sk}{s(0.1s+1)(0.2s+1)} \frac{1+aTs}{1+Ts}$$

$$= k \Longrightarrow k = 30$$

[step 2] ω_c の決定

$k = 30$ としたとき，一巡伝達関数の位相余裕が 47° となっている周波数 ω_c をみつける（目標位相余裕 40° に若干マージンを追加した値．理由は後述）．

図 11.8 より $\omega_c = 2.7\,\text{rad/s}$．

[step 3] a の決定

ω_c において，一巡伝達関数のゲインは 20 dB．したがって，位相遅れ補償器によって 20 dB ゲインを下げ，ここを新たなゲイン交差周波数とする．低下ゲ

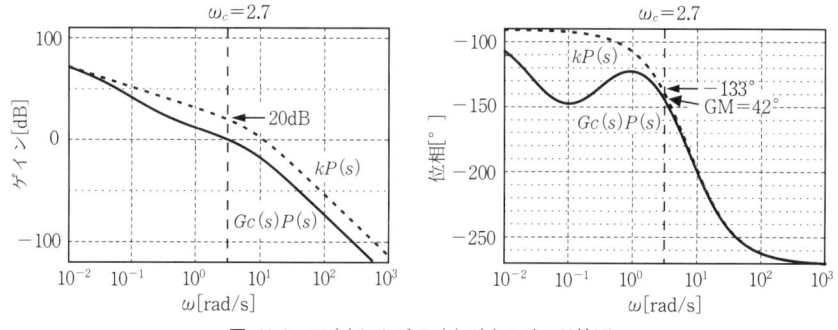

図 11.8 $kP(s)$ および $G_c(s)P(s)$ のボード線図

イン $-20-20\log\alpha$ よって，$\alpha=0.1$ とする．

[**step 4**] T の決定

新しいゲイン交差周波数において，補償器の位相遅れの影響が極力でないようにするため，補償器のゲインが十分落ちる周波数 $\dfrac{1}{\alpha T}$ を ω_c の 1/10 とする．よって，$\dfrac{1}{\alpha T}=0.3 \Longrightarrow T=33.3$．[step 1] でマージンを考慮したのは，このように T を設定しても位相遅れの影響が若干(5°程度)出ることを勘案したため．

[**step 5**] 仕様達成のチェック

得られた補償器による一巡伝達関数は

$$G_c(s)P(s) = \frac{30(1+3.33s)}{1+33.3s} \frac{1}{s(0.1s+1)(0.2s+1)}$$

となる．このときの位相余裕を計算すると 42° となり，ほぼ，仕様どおりである．

11.2.3　位相進み補償器と位相遅れ補償器の特徴

それぞれの補償器の使い分けはどのようにすればよいのであろうか．ケースバイケースであるが，以下におおよその目安と特徴を示す．

1) 位相進み補償器が適する場合：高周波領域でゲインを上げる効果があるため，速応性を重視する用途向き．
2) 位相遅れ補償器が適する場合：

① 低周波領域でのゲインを上げられるので，定常特性を重視する用途向き．
② ゲイン交差周波数付近ですでに位相余裕がないシステム．
　設計例 11.2 では，$k=30$ とした時点でゲイン交差周波数ですでに位相余裕が $-25°$ となっているため，位相進み補償器では補償しきれない．
　さらに，これらの特徴をうまく組み合わせた位相進み－遅れ補償器もよく知られている．これは伝達関数が

$$Gc(s) = k \frac{1+\alpha_1 T_1 s}{1+T_1 s} \frac{1+\alpha_2 T_2 s}{1+T_2 s} \quad (k>0, \ T_1, \ T_2>0, \ \alpha_1>1>\alpha_2>0)$$

で表され，第 2 項が位相進み補償器を，第 3 項が位相遅れ補償器を示している．それぞれの補償器の利点を生かし，低周波領域と高周波領域のゲインを持ち上げながら位相余裕とゲイン余裕を確保できるため，追従特性，外乱除去特性，閉ループの安定性を確保することができる．

11.3 PID 補償による制御系設計

　前節の位相進み－位相遅れ補償器に類似した特徴をもつ補償器が PID 補償器である．PID とは，4 章でもすでに述べたが，それぞれ Proportional（比例），Integral（積分），Derivative（微分）の略である．PID 補償器は各パラメータの物理的意味が明確で，パラメータ調整（チューニング）が直感的にわかりやすいことから，実用上もっとも使われている補償器である．

11.3.1 PID 補償器の構成

　PID 補償器の制御則は，パラメータ K_P，K_I，K_D，偏差 $e(t)$ を用いて

$$u(t) = K_P e(t) + K_I \int_0^t e(\tau)\,d\tau + K_D \frac{de(t)}{dt}$$

で定義され，伝達関数は

$$G_c(s) = K_P + K_I \frac{1}{s} + K_D s = K_P(1 + 1/T_I s + T_D s)$$

で示される．$T_I > T_D$ のときの補償器のボード線図および制御系のブロック図は，以下のようになる．
　それぞれのパラメータ K_P，K_I，K_D と物理的意味は次のとおりである．

1) 比例ゲイン K_P：偏差の現在値に比例した制御入力を求める項．このゲイ

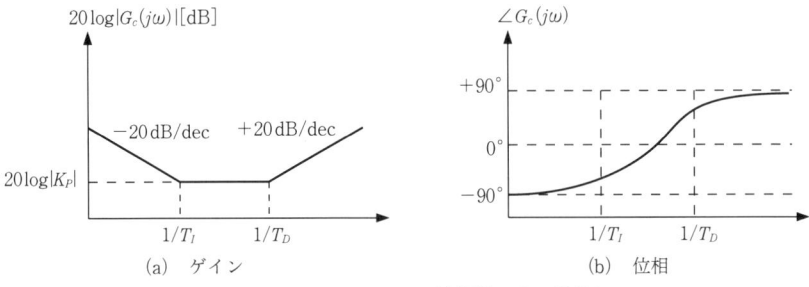

図 11.9 PID補償器のボード線図

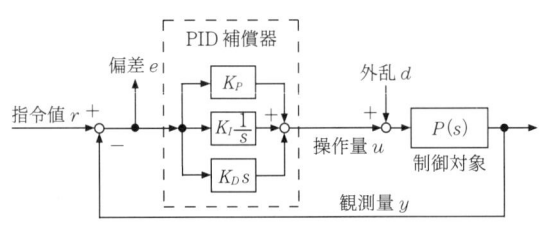

図 11.10 PID制御系のブロック線図

ンを上げると全周波数領域のゲインが上がり，システムの速応性が増すと同時に，指令値の変化や外乱などによる偏差を抑制することができる．ただし，10.3.1項で述べたように，比例ゲインだけでは指令値の変化や外乱に対して偏差が残る場合がある．

2) 積分ゲイン K_I：偏差の積分値（履歴）に応じた制御入力を求める項．このゲインを上げると低周波領域のゲインが上がり，低周波外乱を効果的に抑制することができる．ただし，積分器により位相が90°遅れ，位相余裕が減少することがある．

3) 微分ゲイン K_D：偏差の微分値（増減の動向）に応じた制御入力を求める項．このゲインを上げると高周波領域のゲインが上がり，システムの速応性を増すことができる．ただし，同時にノイズなど高周波雑音も増幅するため，システムが不安定となることがある．位相を90°進めるため，位相進み補償と同様に位相余裕を増加させる効果がある．

K_I の効果として，定性的に次のように説明できる．制御対象をベルトコンベアとする．ある定まった目標位置 r に向けて荷物を搬送しているコンベアが，

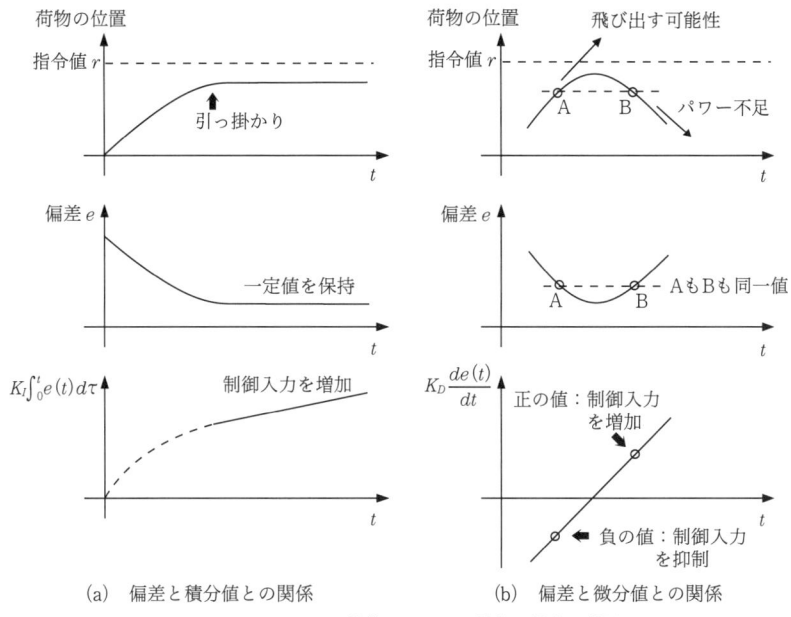

(a) 偏差と積分値との関係　　(b) 偏差と微分値との関係

図 11.11 PID補償器における積分と微分の効果

　何らかの引っ掛かりのため停止したとすると，偏差や比例ゲインによる操作量がある一定値を保持したまま固定される(図 11.11(a)参照)．ここで，積分ゲインがあれば時間とともに偏差が積分されコンベアのパワーが増加し，やがて，ベルトコンベアは引っ掛かりを乗り越えて再び動き出す．

　K_D の効果は，次のように説明できる．仮に，ベルトコンベアが図 11.11(b) のように動作したとする．A点とB点では偏差が同じだから，比例ゲインの出力は同じであるが，コンベアの勢いが異なる．A点ではこのままのパワーをかければ行き過ぎてしまうかもしれない．一方，B点ではよりパワーをかけなければ目標値まで到達できない．そこで，偏差の微分値，すなわちA点では負，B点では正を足し合わせて，より適切なコンベアのパワーに調整する．

　PID補償器を用いた制御を一般に PID 制御という．このバリエーションとして積分ゲイン K_I を用いない PD 制御，微分ゲイン K_D を用いない PI 制御，比例制御のみの P 制御もよく使用される．

11.3.2 制御パラメータの調整法：限界感度法

では，具体的に，三つのゲインをどう決定すればよいのだろうか．これまでに数多くの方法が提案されている．代表的なものをあげると，

1) 限界感度法[9]
2) 1/4 減衰法[10]
3) Zeigler-Nichols の調整則[9]
4) 北森の方法[11],[12]
5) 改良型限界感度法[13]

などがある．いずれの方法を用いるにしろ，実際のところパラメータのチューニングはケースバイケースで，最終的には設計者の試行錯誤が必要である．

ここでは，最も有名な限界感度法によるチューニング手順を紹介する．その他の方法については参考文献を参照されたい[6]．

限界感度法 フィードバック制御系を組んだ状態で K_I, $K_D=0$ とし，K_P のみを増加させる．このとき，ステップ応答は徐々に振動的になっていき，ある K_P で振動が持続的，永続的になる．このときの K_P の値を K_c とし，振動の周期を T_c とする．K_c とは一巡伝達関数のベクトル軌跡が -1 の点を通るときのゲインの値で，T_c とはそのときの位相交差周波数 ω_c の周期である．このとき，ゲイン K_P, $K_I=K_P/T_I$, $K_D=K_PT_D$ は，表 11.1 から求められる．上段は積分ゲインや微分ゲインを用いない P 制御の場合，中段は微分ゲインを用いない PI 制御の場合である．

【設計例 11.3】 制御対象を 3 次遅れ系

$$P(s)=\frac{1}{s(s+1)(s+2)}$$

とする．このとき限界感度法を用いて PID コントローラを設計せよ．

本例の場合，閉ループの発振が持続するゲインは $K_c=6$ である．これは，

表 11.1 限界感度法による調整則

制御方法	K_P	T_I	T_D
P	$0.5\,K_c$	—	—
PI	$0.45\,K_c$	$0.833\,T_c$	—
PID	$0.6\,K_c$	$0.5\,T_c$	$0.125\,T_c$

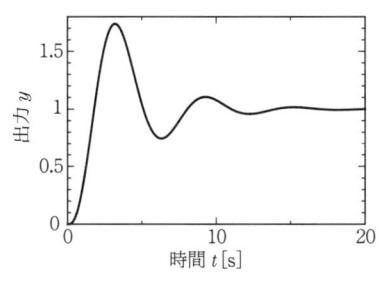

図 11.12 限界感度法により設計された制御系のステップ応答

$K_c=6$ のときの一巡伝達関数のボード線図をみると，ゲインが 0 dB の周波数で位相がちょうど 180° 回っていること，あるいは，ベクトル軌跡において軌跡が -1 を通ることから確認できる．このときの位相交差周波数は，$\omega_c=1.41$ rad/s であるから，周期は $T_c=2\pi/\omega_c=4.46$．したがって，調整則によって，$K_P=3.60$，$T_I=2.23$，$T_D=0.56$ を得，結局，$K_P=3.60$，$K_I=1.61$，$K_D=2.02$ となる．このコントローラでフィードバック制御系を組んだときのステップ応答を図 11.12 に示す．制御系の用途によっては，これでは行き過ぎ量(オーバシュート)が大き過ぎるため，ゲインの再チューニングが必要になる．

11.4 フィードフォワード制御とフィードバック制御の統合化による 2 自由度制御

前節まで述べてきた制御系の設計手法は，すべてフィードバック制御系に関するものであった．しかし，これだけでは追従性を確保しつつ，安定性に優れたシステムを構築することは難しい．コントローラ K だけでは条件(1)の追従性と条件(3)のロバスト安定性が相反するからである．そこで，
1) 条件(2)と条件(3)はフィードバックで確保し，
2) 条件(1)はフィードフォワードで満足させる．

という考え方が生まれてくる．これが 2 自由度制御の考え方である．「2 自由度」とは，追従性とフィードバック特性の二つを独立に設定できることに由来する．

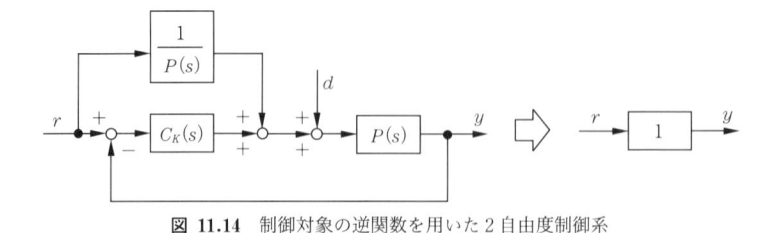

11.4.1 指令値からのフィードフォワードを有する2自由度制御

2自由度制御には，さまざまな構成のものが存在するが[6]，ここでは，もっとも代表的な指令値からのフィードフォワードを有するものについて説明する．

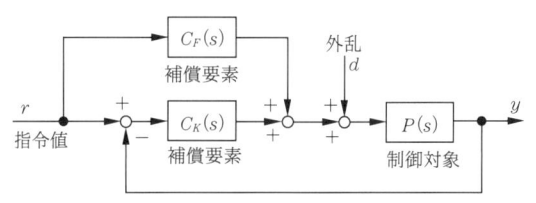

図 11.13 指令値からのフィードフォワードを有する2自由度制御

指令値 r から出力 y，外乱 d から出力 y への伝達関数は，それぞれ

$$H_{yr}(s) = \frac{(C_F(s) + C_K(s))P(s)}{1 + C_K(s)P(s)} \tag{11.6}$$

$$H_{yd}(s) = \frac{P(s)}{1 + C_K(s)P(s)} \tag{11.7}$$

で表される．したがって，外乱応答 $H_{yd}(s)$ の特性は $C_K(s)$ で一意に決定でき，追従性 $H_{yr}(s)$ は残りのコントローラ $C_F(s)$ を用いて決定できる．

もっとも簡単な2自由度制御系の例として，$C_F(s) = 1/P(s)$ が考えられる．これは，$C_F(s)$ を制御対象の逆関数としたもので，このとき簡単な演算から $H_{yr}(s) = 1$ が求められ，指令値と同一の出力が得られることがわかる．

ただし，この場合 $1/P(s)$ に対して安定であること（$P(s)$ は右半平面に零点を持たないこと）とプロパーであることが要求されるが，$1/P(s)$ に関するプロパー性の要求は実現が困難である．なぜなら，現実の制御対象 $P(s)$ は，ほとんどの場合厳密にプロパーだからである．そこで，この要求を緩和するものとして，$1/P(s)$ を $C_R(s) = F(s)/P(s)$ に変更した次の構成が提案されている．

図 11.14 制御対象の逆関数を用いた2自由度制御系

11.4 フィードフォワード制御とフィードバック制御の統合化による2自由度制御　155

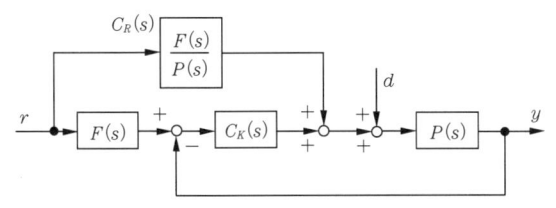

図 11.15 実現性を考えた2自由度制御系

この伝達関数は，

$$H_{yr}(s) = F(s) \tag{11.8}$$

$$H_{yd}(s) = \frac{P(s)}{1 + C_K(s)P(s)} \tag{11.9}$$

で与えられ，条件が $C_R(s)$，$F(s)$ に対して安定でプロパーであることに緩和されるため，実現しやすくなる．伝達関数から追従性は $F(s)$ で決定され，フィードバック特性は $C_K(s)$ で与えられることが確かめられる．

【設計例 11.4】 設計例 11.3 のオーバーシュートを2自由度制御を用いて改善せよ．ただし，PID 補償器はそのままとする．

$P(s) = \dfrac{1}{s(s+1)(s+2)}$ であるから，$1/P(s)$ はプロパーではない．そこで $F(s) = 1/(s+0.1)^4$，$C_R(s) = \dfrac{s(s+1)(s+2)}{(s+0.1)^4}$ とし，実現可能な状態にする．ここで，$F(s)$ は $C_R(s)$ をプロパーで安定にするものであれば何でもよい．このとき

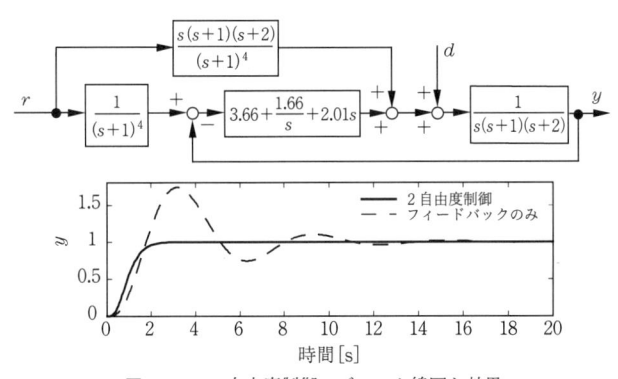

図 11.16 2自由度制御のブロック線図と効果

のブロック線図とフィードフォワードがある場合とない場合のステップ応答の比較を以下に示す．

フィードフォワードによって，指令値に対する応答が $F(s)=1/(s+0.1)^4$ に改善されていることがわかる．なお，PID補償器を変えていないため，フィードバック特性は設計例11.3と何ら変わらない．

11.4.2　モデル化誤差および外乱の影響とその対策

これまでの説明は，モデル化誤差を考慮しないで行ってきた．しかし，実際には制御対象のモデル化誤差は避けられず，その場合，$H_{yr}(s)=F(s)$ とはならない．モデル化誤差があった場合，どのように応答は変化するのだろうか．

ノミナルモデルが $P(s)$ で表される制御対象が，モデル化誤差 $\Delta P(s)$ により，実モデル $\widetilde{P}(s)=P(s)+\Delta P(s)$ に変化したとする．このとき，実モデルに対する $\widetilde{H}_{yr}(s)$ は

$$\widetilde{H}_{yr}(s) = \frac{(C_F(s)+C_K(s))(P(s)+\Delta P(s))}{1+C_K(s)(P(s)+\Delta P)}$$

となり，応答の変動 $\Delta \widetilde{H}_{yr}(s)$ は

$$\Delta \widetilde{H}_{yr}(s) = \widetilde{H}_{yr}(s) - H_{yr}(s)$$
$$= \frac{(C_F(s)+C_K(s))\Delta P(s)}{[1+C_K(s)(P(s)+\Delta P(s))](1+C_K(s)P(s))} \quad (11.10)$$

となる．したがって，変動の比は

$$\frac{\Delta \widetilde{H}_{yr}(s)}{\widetilde{H}_{yr}(s)} = \frac{1}{1+C_K(s)P(s)} \frac{\Delta P(s)}{\widetilde{P}}$$

で与えられる．

このことは，モデル化誤差による応答の変動は，$S(s)=1/(1+C_K(s)P(s))$ によって規定されることを示す．すなわち，感度関数 $S(s)$ を小さくすることがモデル化誤差による応答の変動を抑え，追従性を維持することにつながる．本来，11.1節の条件(1)の感度関数の制約を緩めるためにフィードフォワード項を設けたが，モデル化誤差の存在下で十分フィードフォワードの効果を得るためには，やはり感度関数に制約を課す必要のあることがわかる．

また，いったん外乱の影響で偏差が発生すると，その減少はフィードバックを通じてのみ実現される．外乱の影響を抑制するためには，11.1節の条件(2)で述

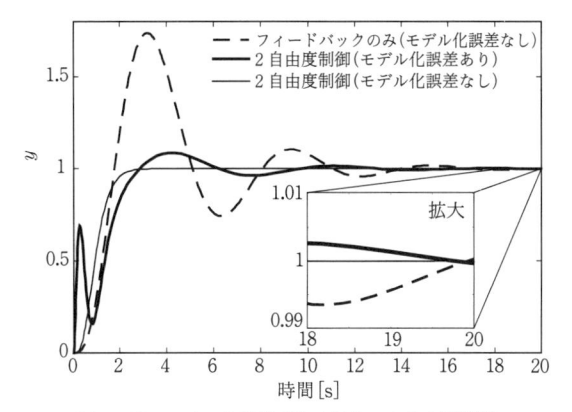

図 11.17 モデル化誤差がある場合の2自由度制御

べたように $P(s)S(s)$ を小さくする，すなわち，感度関数を小さくするしかない．

結局，2自由度制御はマクロ的には追従性の向上に有効であるが，精密位置決めなど緻密に指令値との一致が要求される用途では，モデル化誤差や外乱の影響によりフィードフォワードの効果が発現せず，フィードバック制御のループが支配的になってくることに注意しなければならない．

【設計例 11.5】 設計例 11.4 において，モデル化誤差を $\Delta P(s) = 0.1$（定数）としたときのステップ応答を求めよ．また，その応答をマクロ的にみた場合と，ミクロ的にみた場合で比較せよ．

2自由度制御をしない場合，2自由度制御でモデル化誤差がある場合，2自由度制御でモデル化誤差がない場合，の3種類のステップ応答を図 11.17 に示す．枠内は 18 s から 20 s の部分を拡大したものである．マクロ的には，モデル化誤差があっても振動抑制の点で2自由度制御の効果が見受けられるが，拡大図をみると振動が残っていることがわかる．

11.5 むだ時間システムの制御—スミスの補償器

前節までは，プラントやコントローラに時間遅れ（むだ時間）がないものとして取り扱ってきた．しかし，実際のシステムでは，いたるところにむだ時間が発生する可能性があり，制御上の不具合を引き起こす．

11.5.1 むだ時間を有するシステムと問題点

むだ時間の発生要因の例として，以下のものがあげられる．
1) 制御対象の出力をセンサが感知してコントローラに伝えるまでの時間
2) コントローラの出力を制御対象に伝えるまでの時間
3) コントローラそのものの時間遅れ
4) 制御対象そのものの時間遅れ

図 11.18 の場合，室内で観測される送風温度 $y(t)$ は加熱器で検出される送風温度 $y'(t)$ に対して，配管を気体が進む時間 $L=d/v$ [s] のむだ時間を有することになる．これをラプラス変換すると，

$$\mathcal{L}[y(t)] = \mathcal{L}[y'(t-L)] = e^{-sL}\mathcal{L}[y'(t)]$$

となる．ここで e^{-sL} がむだ時間 L を表す．このとき，投入エネルギーを $u(t)$，投入エネルギーから送風温度までの伝達関数を $G(s)$，コントローラの伝達関数を $G_c(s)$ とすると，制御ブロックは図 11.19 のようになる．

むだ時間があることの不具合の一つに"フィードバック制御系が不安定になること"があげられる．図 11.18 の場合，室温が低いときに加熱器のパワーを上げても，その応答がすぐさま出力 $y(t)$ に現れないため，コントローラはどんどん

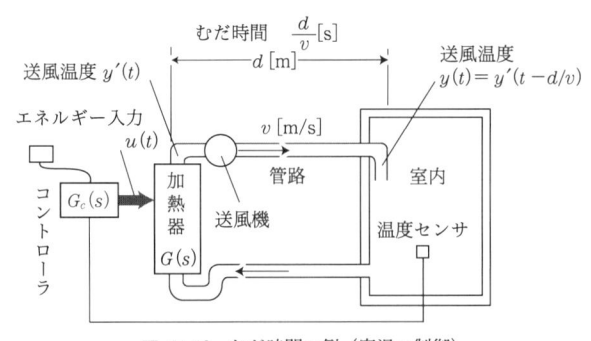

図 11.18 むだ時間の例（室温の制御）

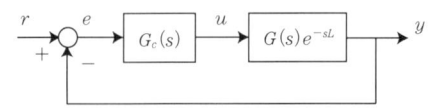

図 11.19 むだ時間を含んだ制御対象に対するフィードバック制御系

パワーを上げる．むだ時間後にようやくその影響が現れたときにコントローラがあわててパワーを減少させるが，やはりすぐには応答しない．むだ時間後にようやく $y(t)$ が減少し始めたとき，コントローラはまた加熱器のパワーを上げることになる．この繰り返しで制御系はまったく安定しない．

11.5.2 スミスのむだ時間補償器

むだ時間の影響を打ち消すためには，実際の出力からコントローラ内部で推測したむだ時間の成分を差し引き，むだ時間がないとした信号を取り出せばよい．この発想に基づいたものがスミスのむだ時間補償器である．

図 11.20 の $G_c(s)$，$G_d(s)$ がコントローラである．$G_d(s)$ 内の第 2 項が遅れを含んだ $P(s)$ の出力を打ち消す項で，第 1 項がむだ時間がないとした場合の $P(s)$ の出力を取り出し，コントローラにフィードバックする項である．簡単な計算によって，指示値 r から出力 y への伝達関数は，

$$Y(s) = \frac{G_c(s)\,G(s)}{1+G_c(s)\,G(s)} e^{-sL} R(s) \tag{11.11}$$

であることが確かめられる．

$e^{-sL}R(s)$ を一つの項と考えれば，あたかも指示値そのものが遅れたかのように解釈でき，安定性，応答性などはすべて遅れがない場合の制御系として取り扱える．

【設計例 11.6】 制御対象を 2.0 秒の時間遅れを有する 3 次遅れ系

$$P(s) = \frac{1}{s(s+1)(s+2)} e^{-2.0s}$$

とする．このとき，スミスの補償器を用いた PID コントローラを限界感度法により設計せよ．

スミスの補償器によって設計の際にはむだ時間を考えなくてよいから，G

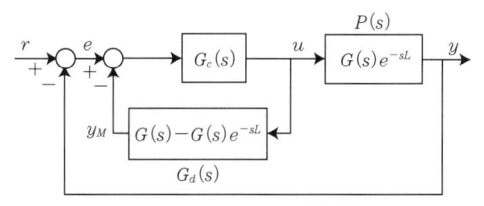

図 11.20 スミスのむだ時間補償器

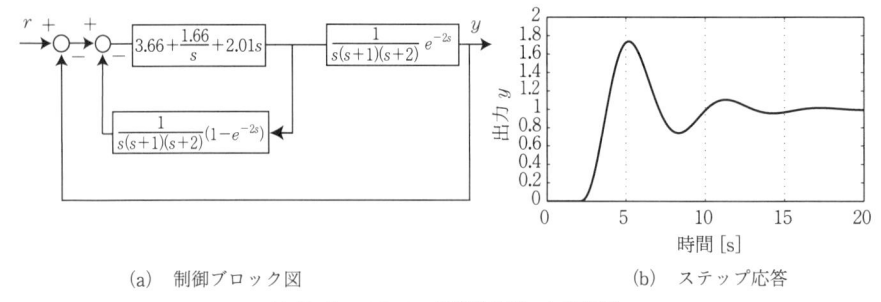

(a) 制御ブロック図 (b) ステップ応答

図 11.21 スミスの補償器を用いた設計例

$(s) = \dfrac{1}{s(s+1)(s+2)}$ に対する K_P, K_I, K_D を求めればよい．設計例 11.3 の結果より $K_P = 3.66$, $K_I = 1.66$, $K_D = 2.01$ を得る．このときのブロック図を図 11.21(a)に，応答を(b)に示す．確かに 2.0 秒の時間遅れが出力に観測されていることがわかる．

11.6 非干渉制御系

これまでの節では，すべて 1 入力 1 出力の制御系を対象に説明を行ってきた．しかし，実際の制御対象では，複数の入力と複数の出力をもつ場合が数多くある．これらを多入力多出力システムという．また，これらのシステムに対する制御系を多変数制御系という．

干渉をもつ多変数制御系の設計方法として，2 通り考えられる．すなわち，
1) 何らかの方法により，干渉のある制御対象を干渉のない複数個の独立したシステムに変換したうえで，前節まで述べてきたコントローラ設計手法を適用する．
2) 干渉はそのまま残し，指示値と出力値の関係をできるだけ要求するレベルに近づけるよう，コントローラを設計する．

2)の方法は，たとえば現代制御理論を用いて実現されるが，入門の範囲を越えるので本書では触れない．ここでは，1)の方法について設計法を述べる．なお，干渉系を 1)の独立したシステムに変換することを非干渉化と呼び，非干渉化された制御系を非干渉制御系と呼ぶ．

11.6.1 完全な非干渉化

非干渉制御系の構成を図 11.22 に示す．ここで $G_c(s)$ を前置補償器，$K(s)$ を主コントローラと呼ぶ．$P(s)$ は制御対象である．ブロック間をつなぐ ➡ は多変数制御系であるのでベクトルとなる．

ここでの目的は，干渉のある $P(s)$ を前置補償器 $G_c(s)$ を用いることで非干渉化させることである．2入力2出力の場合のブロック図を図 11.23 に示し，$G_c(s)$ を求める．

まず，
$$P(s) = \begin{pmatrix} P_{11}(s) & P_{12}(s) \\ P_{21}(s) & P_{22}(s) \end{pmatrix}, \quad G_c(s) = \begin{pmatrix} G_{c_{11}}(s) & G_{c_{12}}(s) \\ G_{c_{21}}(s) & G_{c_{22}}(s) \end{pmatrix}$$
とする．制御対象と前置補償器の組み合わせにより，
$$P_c(s) = P(s)\,G_c(s)$$
$$= \begin{pmatrix} P_{11}(s)\,G_{c_{11}}(s) + P_{12}(s)\,G_{c_{21}}(s) & P_{11}(s)\,G_{c_{12}}(s) + P_{12}(s)\,G_{c_{22}}(s) \\ P_{21}(s)\,G_{c_{11}}(s) + P_{22}(s)\,G_{c_{21}}(s) & P_{21}(s)\,G_{c_{12}}(s) + P_{22}(s)\,G_{c_{22}}(s) \end{pmatrix}$$
であるから，$P_c(s)$ の非対角成分が 0，すなわち
$$\begin{cases} P_{11}(s)\,G_{c_{12}}(s) + P_{12}(s)\,G_{c_{22}}(s) = 0 \\ P_{21}(s)\,G_{c_{11}}(s) + P_{22}(s)\,G_{c_{21}}(s) = 0 \end{cases} \tag{11.12}$$
を満たす $G_{c_{ij}}(s)$ を求めればよい．この $G_{c_{ij}}(s)$ の要素をもつコントローラをクロスコントローラと呼ぶ．

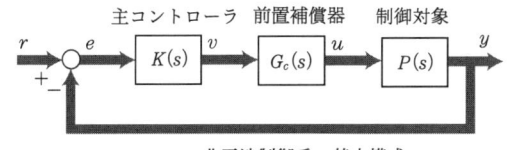

図 11.22 非干渉制御系の基本構成

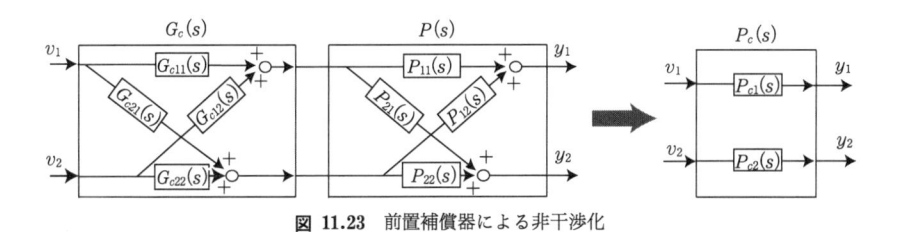

図 11.23 前置補償器による非干渉化

【設計例 11.7】 制御対象を
$$P(s) = \begin{pmatrix} \dfrac{1}{s+1} & \dfrac{1}{s+5} \\ \dfrac{1}{s+2} & \dfrac{1}{s+3} \end{pmatrix}$$
としたとき，非干渉化させる前置補償器 $G_c(s)$ を求めよ．

$P_c(s) = P(s)G_c(s)$ の非対角成分を次式のように 0 とする $G_{c_{ij}}(s)$ を求めればよい．
$$\begin{cases} G_{c_{11}}(s)(s+3) + G_{c_{21}}(s)(s+2) = 0 \\ G_{c_{12}}(s)(s+5) + G_{c_{22}}(s)(s+1) = 0 \end{cases}$$
解は無数にあるが，分母を s とすると，
$$G_c(s) = \begin{pmatrix} \dfrac{s+2}{s} & -\dfrac{s+1}{s} \\ -\dfrac{s+3}{s} & \dfrac{s+5}{s} \end{pmatrix} \tag{11.13}$$
を得る．

11.6.2 低周波領域における対角化

現実には干渉を全周波数領域で非干渉化することはきわめて難しい．また，実際には干渉が問題になるのは，低周波領域だけの場合もある．このような場合には，$P(s)$ の DC 成分，すなわち $P(0)$ のみに着目して $G_c(s)$ を実数として対角化を図る場合がある．

【設計例 11.8】 設計例 11.7 の制御対象において，$P(0)$ のみに着目して実数の前置補償器 G_c を求めよ．

$\omega = 0$ とすれば，
$$P(0) = \begin{pmatrix} 1 & \dfrac{1}{5} \\ \dfrac{1}{2} & \dfrac{1}{3} \end{pmatrix}$$
となる．非干渉化を図る G_c は，$P(0)G_c = I$ であればよいから，
$$G_c = P(0)^{-1} = \begin{pmatrix} 1.4286 & -0.8571 \\ -2.1429 & 4.2857 \end{pmatrix}$$
と求まる．このときの制御ブロックと応答の結果を図 11.24 に示す．過渡応答は

11.6 非干渉制御系

$$G_c(s) = \begin{bmatrix} 1.4286 & -0.8571 \\ -2.1429 & 4.2957 \end{bmatrix} \quad P(s) = \begin{bmatrix} \dfrac{1}{s+1} & \dfrac{1}{s+5} \\ \dfrac{1}{s+2} & \dfrac{1}{s+3} \end{bmatrix}$$

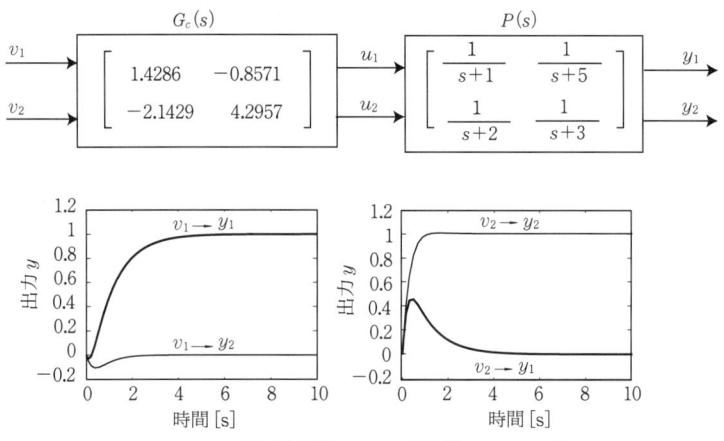

図 11.24 低周波領域における対角化とステップ応

非干渉化できていないが，定常状態では非干渉化が実現できている．

このほかにも，ある周波数成分を重点的に非干渉化する擬似対角化や，完全ではないができる限り全周波数領域にわたって非干渉化を図る逆ナイキスト配列法があるが，これらは参考文献を参照されたい[8]．

コラム　小学生とルート計算，技術者と設計・解析ツール

　制御にかかわらず，技術開発では設計ツール，解析ツールといったアプリケーションソフトがよく使われます．専門知識や数学的な知識をもたなくても，設計・解析ツールを使えばコンピュータが答えを出してくれます．でも，こうしたツールはその問題を手計算で解く能力のある人しか使う資格はありません！　なぜでしょう．

　小学1年生にルート計算はできるか？　答えは「できます」．電卓を渡して，「"ルート"っていったら，このかぎかっこみたいなしるしのぼたんをおすんですよ」．そう教えてから，「4のルート！」といえば小学生は4とルートキーを押して元気よく「2!!」と答えるでしょう．「9のルート！」といえばこれまた元気よく「3!!」と正解を答えるでしょう．この小学生は正しくルート計算ができたことになります．しかし，ルートの意味も正解もわかりませんし，間違えて隣のキーを押してしまっても間違いに気づくことはありません．

　これと同じことが技術者と設計・解析ツールの間でも起こります．何も理解していない技術者でも解析ツールを使えば答えは求められます．しかし，その答えが正

しいのか間違っているのか，どうやって判断しますか？　コンピュータの出した答えの妥当性を判断するのは人間で，その人間が間違いに気づく能力がなければ解析ツールの答えなど信頼できるものではありません．**それこそ小学生に電卓を渡してルート計算させるのと何ら変わらないのです．**

味噌汁と不老不死と制御工学

「風邪と水虫とガン．この三つのうちどれかを治す特効薬を見つけたらノーベル賞ものだ．」というのは有名な話．でも「治す」というのがミソ．そう，いってみれば事後処理．ガンの事後処理の方法を見つけ出した人にはノーベル賞が与えられる．

では，病気にかかる前，つまり予防策を唱えた人に対してはどうか．たとえば，味噌汁を毎日飲んでる人にはガンが少ない．とか，お茶を毎日飲んでる静岡県川根の人にガンが少ないという事実．こういう事実を発見した学者にはノーベル賞から何のお声もかからない．皆さん毎日味噌汁を飲みましょう！　という訴えはスウェーデンまでは届かないのか！　お茶はガンに効果的というネタは「あるある大事典」停まりなのか？

これを制御に置き換えるとどうなるか．振動が起こってしまった！　それをセンサで検知して押え込みましょう，振動を治療しよう，というのがフィードバック．一方，振動が起こる前に起こらないような制御入力を与えてあげましょう，振動を予防しよう，というのがフィードフォワード．どちらが制御として有名でしょう．

どこの世界でも予防より治療のほうが評価が高いという話でした．ところで，これを飲むと不老不死が得られる薬(フィードフォワード)と，これを飲むと死んだ人も生き返るという薬(フィードバック)．皆さんどちらを飲みたいですか？

演 習 問 題

11.1　設計例11.1のシステムにおいて，位相遅れ補償器を用いて同一条件のコントローラを設計せよ．また，ボード線図とステップ応答を本文中のものと比較せよ．

11.2　設計例11.1において，本文中の位相進み補償器の場合，問題1の位相遅れ補償器の場合，補償器を用いずに $G_c(s)=10$ とした場合，の3とおりについてベクトル軌跡を描け．また，それらを比較し位相補償の効果を考察せよ．

11.3　設計例11.3において，限界感度法によりP制御およびPI制御のゲインとステップ応答をそれぞれ求め，PID制御と比較せよ．

11.4　制御対象を $P(s)=1/s$ としたとき，P制御とPI制御の指令値から出力，外乱か

ら出力の伝達関数とボード線図をそれぞれ求め，積分ゲインの効果を確かめよ．
11.5 制御対象を $P(s)=1/s$ としたとき，PID 制御における指令値から出力，外乱から出力の伝達関数をそれぞれ求めよ．また，$K_P=1$, $T_I=2$ として $T_D=0.5$, $T_D=0$ と変化させたボード線図を書き，微分ゲインの効果を確かめよ．
11.6 図 11.14 において，$H_{yr}(s)=1$ となることをブロック線図を書き換えることによって確かめよ．また，フィードフォワードが閉ループに何ら影響を及ぼさないことを示せ．
11.7 むだ時間システムにおける式(11.11)を導出せよ．
11.8 設計例 11.7 において $P_c(s)$ を求めよ．

参　考　文　献

1) 寺嶋一彦ほか：生産システム工学―知的生産の基礎と実際，朝倉書店(2000)
2) 杉江俊治，藤田政之：フィードバック制御入門，コロナ社(1999)
3) 近藤文治，藤井克彦：大学課程制御工学，オーム社(1972)
4) 美田　勉：H_∞ 制御，昭晃堂(1994)
5) 細江繁幸，荒木光彦監修：システム制御情報ライブラリー 10　制御系設計，朝倉書店(1994)
6) 須田信英ほか：システム制御情報ライブラリー 6　PID 制御，朝倉書店(1992)
7) 渡部慶二：むだ時間システムの制御，(社)計測自動制御学会(1993)
8) 伊藤正美，木村英紀，細江繁幸：線形制御系の設計理論，(社)計測自動制御学会 (1993)
9) J. G. Ziegler and N. B. Nichols: Optimum Settings for Automatic Controllers, Trans. ASME, **64**, pp. 759-768（1942）
10) Taylor Instrument Companies: Instructions for Transcope Controller, Bull. 1 B 404（1961）
11) 北森俊行：制御システムの設計論，計測と制御，**19**(4), pp. 382-391(1980)
12) 北森俊行：制御対象の部分的知識に基づく制御系の設計法，計測自動制御学会論文集，**15**(4), pp. 549-555(1979)
13) 桑田龍一：改良型限界感度法と PID, I-PD 制御の特性，計測自動制御学会論文集，**23**(3), pp. 232-239(1987)

第12章 ディジタル制御について

前章までみてきた制御系は，時間的に連続な信号を扱ってきた．ところで，近年ではマイクロプロセッサの発達により，多くの機械にマイクロプロセッサが組み込まれるようになった．例えば，1台の自動車には十数個から高級車には60個以上ものマイクロプロセッサがエンジンやブレーキ・サスペンションなどの制御に使われている．マイクロプロセッサでは，信号をディジタル量すなわち時間的に離散的な信号で扱う．本章では，ディジタル信号の取扱い方や連続システムの差分化，ディジタル再設計などについて説明していく．

12.1 ゼロ次ホールドとサンプラ

図 12.1 に示すような連続時間フィードバック制御系に対し，補償器 $G_c(s)$ をディジタル補償器に置き換えた図 12.2 のようなディジタル制御系を考える．ここでいうディジタル補償器とは離散信号を受け取り，その信号をもとに離散的な

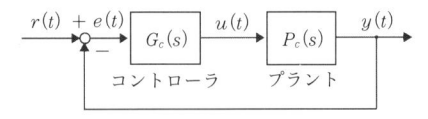

図 12.1 連続時間制御系

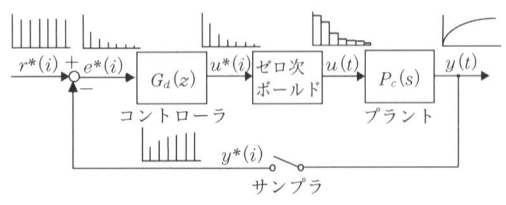

図 12.2 ディジタル制御系

制御信号を計算する一種のディジタル計算機である．このようにすると，制御則を演算するアナログ回路を作製する必要がないため，複雑な制御則が組め，また変更も容易となる．

ディジタル制御系では，連続信号と離散信号が混在したシステムとなる．このため，連続信号と離散信号との変換が必要となってくる．連続信号から等間隔周期 T ごとの値をサンプリングすることで離散信号を得る装置のことをサンプラという．そしてその周期 T のことをサンプリング周期という．実際の装置ではA/D変換器がこれに相当する．

逆に，離散信号を連続信号に変換するのがホールド回路である．ホールド回路の一つであるゼロ次ホールドは，時刻 kT における離散信号を T 時間だけ保持する．ゼロ次ホールドはD/A変換器で実現される．また，ゼロ次ホールドの伝達関数 $G_H(s)$ は

$$G_H(s) = \frac{1-e^{-sT}}{s} \tag{12.1}$$

で表される．これは，$t \geq 0$ で1の値を取る単位ステップ関数を $1(t)$ と書くと，0から T 時刻の間のみ1の値をとる単位パルス関数は $1(t)-1(t-T)$ と書くことができ，これをラプラス変換することから得られる．ただし，このままでは指数関数を含んでいて扱いにくいので，この代わりに e^{-sT} を有理多項式で表現するPadé近似を使うことが多い．$e^{-sT} \cong (1-sT/2)/(1+sT/2)$（1次Padé近似），$e^{-sT} \cong (1-sT/2+s^2T^2/12)/(1+sT/2+s^2T^2/12)$（2次Padé近似）を用いると，式(12.1)は式(12.2)となる．

$$\frac{1-e^{-sT}}{s} \cong \frac{T}{1+\dfrac{sT}{2}} \cong \frac{T}{1+\dfrac{sT}{2}+\dfrac{(sT)^2}{12}} \tag{12.2}$$

12.2 連続システムの厳密な差分化

この節では，ディジタル制御系において連続システムを離散システムからみた振る舞いについて考える．連続システムが次の状態方程式で表されるとする．

$$\dot{x}(t) = A_c x(t) + B_c u(t) \tag{12.3}$$
$$y(t) = C_c x(t) \tag{12.4}$$

時刻 t_0 の状態を $x(t_0)$ とすると，状態方程式(12.3)の解は，

$$x(t) = e^{A_c(t-t_0)}x(t_0) + \int_{t_0}^{t} e^{A_c(t-\eta)}B_c u(\eta)\,d\eta \qquad (12.5)$$

となる．離散入力信号 $u[i]$ がゼロ次ホールドを通して連続システムに与えられると，サンプリング間隔の間では一定であるので $u(t)=u[i]$, $iT \leq t < (i+1)T$ である．また，サンプラによって離散出力 $y[i]$ が得られるとする．ここで，$t_0 = iT$, $t=(i+1)T$ とおくと式(12.5)は

$$x((i+1)T) = e^{A_c T}x(iT) + \int_{iT}^{(i+1)T} e^{A_c((i+1)T-\eta)}B_c d\eta u[i] \qquad (12.6)$$

となる．$x[i]=x(iT)$ とし，$\tau = (i+1)T-\eta$ と変数変換をすると

$$x[i+1] = e^{A_c T}x[i] + \int_0^T e^{A_c \tau}d\tau B_c u[i] \qquad (12.7)$$

となる．したがって

$$A_d = e^{A_c T}, \quad B_d = \int_0^T e^{A_c \tau}d\tau B_c \qquad C_d = C_c$$
$$= A_c^{-1}(e^{A_c T}-I)B_c, \quad |A_c| \neq 0,$$

とすると，連続システムと等価な次の差分方程式が得られる．

$$x[i+1] = A_d x[i] + B_d u[i] \qquad (12.8)$$
$$y[i] = C_d x[i] \qquad (12.9)$$

12.3 ディジタルシステムの伝達関数と周波数解析

連続システムを表現するのにラプラス変換が有効であることを第2, 6章でみてきた．では，離散システムを扱うにはどのような方法が有効だろうか．ここでは，離散信号において連続時間系におけるラプラス変換に相当する z 変換について説明する．

連続信号 $f(t)$ に対してインパルス列

$$f^*(t) = \sum_{n=0}^{\infty} f(t)\delta(t-nT) \qquad (12.10)$$

を定義する．これは，サンプリングしている時間が無限に小さいサンプラ(理想サンプラ)を通して $f(t)$ を伝達関数に渡すときの信号である．この信号 $f^*(t)$ をラプラス変換してみる．

$$F^*(s) = \int_0^{\infty} f^*(t)e^{-st}\,dt = \int_0^{\infty} \sum_{n=0}^{\infty} f(t)\delta(t-nT)e^{-st}\,dt$$

12.3 ディジタルシステムの伝達関数と周波数解析

$$= \sum_{n=0}^{\infty} f(nT) e^{-sTn} \tag{12.11}$$

e^{-sT} は s に関して無限多項式となるので，このままでは取り扱いにくい．そこで

$$z = e^{sT} \tag{12.12}$$

とおく．このようにおいて，式(12.11)に代入した関数を $F(z)$ とおく．

$$F(z) = \sum_{n=0}^{\infty} f(nT) z^{-n} \tag{12.13}$$

この式によって定義される $F(z)$ のことをインパルス列 $f^*(t)$ に対する z 変換という．以降 z 変換を

$$F(z) = \mathcal{Z}[f(nT)] \tag{12.14}$$

と表す．離散信号が数列 $\{f[i]\} = \{f[0], f[1], f[2], \cdots\}$ として与えられた場合

$$F(z) = \sum_{n=0}^{\infty} f[n] z^{-n} \tag{12.15}$$

を数列 $\{f[i]\}$ に対する z 変換といい $\mathcal{Z}[f[i]]$ と書く．また，ラプラス変換が $G(s)$ で表される信号 $g(t)$ を周期 T でサンプリングした離散信号 $g^*(kT)$ の z 変換を $G^*(z)$ とするとき $G^*(z) = \mathcal{Z}[G(s)]$ と表すこともある．

【例 12.1】 単位ステップの z 変換は，次式となる．

$$F(z) = 1 + 1 \cdot z^{-1} + 1 \cdot z^{-2} + 1 \cdot z^{-3} + \cdots = \frac{1}{1 - z^{-1}} \tag{12.16}$$

また，指数関数 $f(t) = e^{-\alpha t}$ の z 変換は，次式となる．

$$\begin{aligned} F(z) &= 1 + e^{-\alpha T} z^{-1} + e^{-2\alpha T} z^{-2} + e^{-3\alpha T} z^{-3} + \cdots \\ &= 1 + (e^{\alpha T} z)^{-1} + (e^{\alpha T} z)^{-2} + (e^{\alpha T} z)^{-3} + \cdots \\ &= \frac{1}{1 - e^{-\alpha T} z^{-1}} \end{aligned} \tag{12.17}$$

インパルス列の z 変換の例を表 12.1 に示す．

表 12.1 インパルス列の z 変換

$f(t)$	$F(s)$	$F(z)$	$f(t)$	$F(s)$	$F(z)$
1	$\dfrac{1}{s}$	$\dfrac{z}{z-1}$	$e^{-\alpha t}$	$\dfrac{1}{s+\alpha}$	$\dfrac{z}{z-e^{-\alpha T}}$
t	$\dfrac{1}{s^2}$	$\dfrac{Tz}{(z-1)^2}$	$\sin(\omega t)$	$\dfrac{\omega}{s^2+\omega^2}$	$\dfrac{z \sin(\omega t)}{z^2 - 2z\cos(\omega T) + 1}$
$\dfrac{t^2}{2}$	$\dfrac{1}{s^3}$	$\dfrac{T^2 z(z+1)}{2(z-1)^3}$	$\cos(\omega t)$	$\dfrac{s}{s^2+\omega^2}$	$\dfrac{z(z - \cos(\omega T))}{z^2 - 2z\cos(\omega T) + 1}$

$F(z)$ に z をかけると z 変換の定義式(12.15)から

$$zF(z) = f[0]z + f[1] + f[2]z^{-1} + f[3]z^{-2} + \cdots$$
$$= f[0]z + \sum_{n=0}^{\infty} f[n+1]z^{-n} \tag{12.18}$$

である．したがって，次の関係がなりたつ．

$$\mathcal{Z}[f[n+1]] = zF(z) - f[0]z \tag{12.19}$$

すなわち，z は信号を1ステップ進める．$F(z)$ に z^{-1} をかけた場合は

$$\mathcal{Z}[f[n-1]] = z^{-1}F(z) \tag{12.20}$$

となり，z^{-1} は信号を1ステップ遅らせる．

ラプラス変換を用いて連続システムの入出力関係を表したものが，連続系でいう伝達関数であった．次に，離散システムにおける入出力関係について説明する．

離散システムの状態方程式および出力方程式が式(12.8)，(12.9)で表されるとする．そして，入力 $u[n]$，状態 $x[n]$，出力 $y[n]$ のそれぞれの z 変換を

$$U(z) = \mathcal{Z}[u[n]], \quad X(z) = \mathcal{Z}[x[n]], \quad Y(z) = \mathcal{Z}[y[n]]$$
$$\tag{12.21}$$

で表すことにする．式(12.8)を z 変換すると，

$$zX(z) - x[0]z = A_d X(z) + B_d U(z) \tag{12.22}$$

上式を $X(z)$ について解いて，z 変換した出力方程式に代入する．

$$Y(z) = G(z)U(z) + C_d(Iz - A_d)^{-1} x[0]z \tag{12.23}$$

ここで

$$G(z) = C_d(Iz - A_d)^{-1} B_d \tag{12.24}$$

とおく．さらに，$x[0] = 0$ とすると，$G(z)$ は入力と出力の比 $Y(z)/U(z)$ を表す．$G(z)$ のことを連続システムの伝達関数と区別するために，パルス伝達関数という．

次に，パルス伝達関数の周波数応答についてみてみよう．パルス伝達関数 $G(z)$ に正弦波入力 $u(t) = \sin(\omega t)$ が加えられた場合を考える．ただし，実際に入力する信号は周期 T でサンプリングされた $u(kT) = \sin(k\omega T)$ の離散型正弦波である．このとき，定常状態における離散出力は

$$y(kT) = M(\omega)\sin(k\omega T + \theta(\omega)) \tag{12.25}$$

となる．ただし

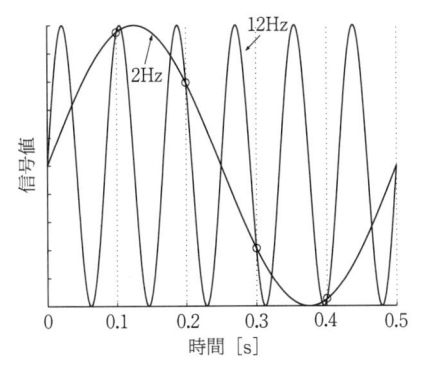

12.3 ディジタルシステムの伝達関数と周波数解析

図 12.3 アリアス現象

$$M(\omega) = |G(e^{j\omega T})| : \text{ゲイン特性} \tag{12.26}$$
$$\theta(\omega) = \angle G(e^{j\omega T}) : \text{位相特性} \tag{12.27}$$

パルス伝達関数においても，ベクトル軌跡，ボード線図を描いてゲイン特性，位相特性を調べることができる．ただし，$e^{j\omega T} = e^{j(\omega + 2\pi/T)T}$ であるから，パルス伝達関数の周波数応答は，周期 $\omega_s = 2\pi/T$ の周期関数となっている．また，$M(\omega) = M(-\omega)$，$\theta(\omega) = -\theta(-\omega)$ であるため $0 \leq \omega \leq \omega_s/2$ の範囲のみ考えればよい．

このことは逆にいうと，離散システムが $\omega_s/2$ 以上の周波数成分をもつとき問題となる．例えば，サンプリング周期が 0.1 秒 ($\omega_s = 20\pi$ [rad/s]) のとき，周波数 $12\,\text{Hz}$ (角周波数 24π [rad/s]) の信号はサンプリング点で周波数 $2\,\text{Hz}$ (角周波数 4π [rad/s]) の信号と見かけ上同じになってしまう(図12.3)．これをアリアス現象という．したがって，連続信号が含む最大周波数の2倍以上をサンプリング周期の目安として選ぶ．

【例 12.2】 システムの伝達関数が $F(s)$ で表されるとする．0次ホールドを介してインパルスがシステムに入力されると，システムには単位パルス $1(t) - 1(t-T)$ が入力されることになる．したがって，$1(t)$ のラプラス変換が $1/s$ であることから，0次ホールドを含めたパルス伝達関数は

$$G(z) = \mathscr{Z}\left[\frac{1}{s}F(s)\right] - z^{-1}\mathscr{Z}\left[\frac{1}{s}F(s)\right] = (1-z^{-1})\mathscr{Z}\left[\frac{1}{s}F(s)\right] \tag{12.28}$$

となる．ここで，z^{-1} がかけてあるのは，式(12.20)から時間 T (1ステップ)遅

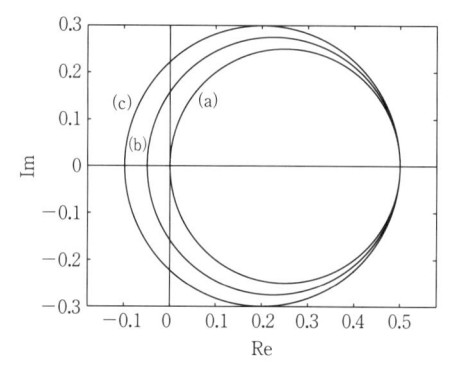

図 12.4 ベクトル軌跡
(a) 連続システム，(b) $T=0.1$，(c) $T=0.2$.

らすことに相当している．例えば

$$F(s) = \frac{1}{s+2} \tag{12.29}$$

のとき

$$G(z) = (1-z^{-1})\mathscr{Z}\left[\frac{1}{s}\frac{1}{s+2}\right] = \frac{1}{2}(1-z^{-1})\mathscr{Z}\left[\frac{1}{s} - \frac{1}{s+2}\right]$$

$$= \frac{1}{2}(1-z^{-1})\left(\frac{z}{z-1} - \frac{z}{z-e^{-2T}}\right) = \frac{1-e^{-2T}}{2(z-e^{-2T})}$$

$T=0.1$，0.2 のときのパルス伝達関数のベクトル軌跡は図 12.4 のようになる．図 12.4 からわかるように，周波数応答はサンプリング周期によって変化する．

12.4　コントローラの差分化

制御する対象は，一般に連続システムでモデル化される．そこで，連続システムモデルが与えられたとき，そのディジタル補償器を設計するには，おもに
1) 連続システムを離散システムで近似する．そして，離散システムに対する設計方法を用いてディジタル補償器を設計する．
2) 連続システムに対して設計された連続時間補償器をディジタル補償器に変換する．

の二つの方法がある．2) の方法は第 11 章で説明したようななじみのある連続時間での設計方法が使え，またすでに連続系でうまく動作しているアナログ補償器をディジタル補償器に置き換えられるという特徴がある．そこで，ここでは 2)

の方法について述べる．この方法のことをディジタル再設計と呼ぶ．

ディジタル再設計の手順は，次のようになる．

ステップ1 ホールド回路が挿入されたときの応答を調べ，必要なら連続システムの補償器 $G_c(s)$ を修正する．ホールド回路は一般に遅れの原因になる．

ステップ2 $G_c(s)$ を $G_d(z)$ に変換する．変換の方法は後で説明する．

ステップ3 連続と離散が混在した閉ループ制御系の特性(時間応答，周波数応答など)を調べる．

ステップ4 設計した $G_d(z)$ をプログラムや回路で実現する．

上記のステップ2ではアナログ補償器をディジタル補償器に変換する必要がある．これには，どのような観点から近似するかによってさまざまな方法がある．代表的なものを以下にあげる．

インパルス不変変換(z変換)

これは，$G_c(s)$ のインパルス応答と $G_d(z)$ の単位インパルス応答がサンプリング時刻で同じ値をもつように $G_d(z)$ を求める方法である．具体的には $G_d(z) = \mathcal{Z}[G_c(s)]$ とし，連続時間補償器のインパルス応答を z 変換する．この方法はもとの $G_c(s)$ が安定であれば，$G_d(z)$ も安定であるという特徴がある．

ホールド等価近似

この方法は，$G_c(s)$ の入力端に0次ホールドをもつシステムにインパルス不変変換を施した方法である．式(12.28)から

$$G_d(z) = \mathcal{Z}\left[\frac{1-e^{sT}}{s}G_c(s)\right] = (1-z^{-1})\mathcal{Z}\left[\frac{1}{s}G_c(s)\right] \tag{12.30}$$

上式の $\mathcal{Z}[G_c(s)/s]$ はステップ応答の z 変換であり，すなわちステップ応答に注目した方法である．

後退差分

微分を後退差分で近似する．すなわち，

$$\frac{du}{dt} \cong \frac{u_{[i]} - u_{[i-1]}}{T} \tag{12.31}$$

左辺のラプラス変換が $sU(s)$，右辺を z 変換すると $\{(1-z^{-1})/T\}U(z)$ となる．両者の対応を取ると微分要素 s は $(1-z^{-1})/T$ とみなせる．そこで，

$$G_d(z) = G_c(s)|_{s=\frac{1-z^{-1}}{T}} \tag{12.32}$$

とするのが後退差分法である．この方法は，代入演算のみでできるため簡単である．同様に，前進差分を用いた

$$G_d(z) = G_c(s)|_{s=\frac{z-1}{T}} \tag{12.33}$$

という方法もあるが，この場合 $G_c(s)$ が安定であっても $G_d(z)$ は安定であるとは限らない．

双線形変換（台形積分法）

積分を台形積分で近似する．

$$y(t) = \int_0^t u(x)\,dx = \int_0^{t-T} u(x)\,dx + \int_{t-T}^t u(x)\,dx$$
$$\cong y(t-T) + \frac{T}{2}(u(t) + u(t-T)) \tag{12.34}$$

$y(t)$, $u(t)$ を離散信号とみなし，両辺を z 変換してまとめると

$$Y(z) = \frac{T}{2}\frac{1+z^{-1}}{1-z^{-1}}U(z) \tag{12.35}$$

となる．$1/s$ を積分要素とし，上式との対応をとると $s=2(1-z^{-1})/(T(1+z^{-1}))$．したがって，

$$G_d(z) = G_c(s)|_{s=\frac{2}{T}\frac{1-z^{-1}}{1+z^{-1}}} \tag{12.36}$$

とするのが双線形変換である．この方法は簡単でありよく使われる．ただし，純粋な微分を含む補償器には適用しない．

【例 12.3】 次の制御対象 $G(s)$ に対して PI 補償器を用いる．

$$G(s) = \frac{1}{s-1}, \quad G_c(s) = 5\left(1+\frac{1}{s}\right) \tag{12.37}$$

$G_c(s)$ に対し，ディジタル再設計を施すと次のようになる．

> **コラム**　　　　ワンチップマイコン
>
> 　ディジタル制御を実装する際，ワンチップマイコンと呼ばれる IC チップが使われることが多くなってきた．単に計算だけでなく，メモリや A/D，D/A 変換，カウンタ，PWM 信号の出力などさまざまな機能をもっているため，それ一つで用が足りてしまう．中学生から一般の人まで各種ロボットコンテストへの参加が増えてきたのは，扱いやすく性能のよい製品が手に入るようになったためだろう．制御の勉強をして，実際に動くロボットを自分でつくるのもまた楽しいものである．

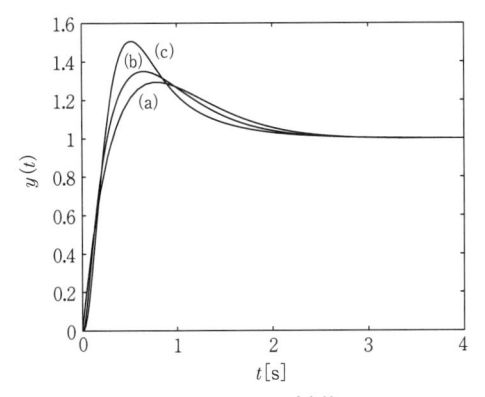

図 12.5 ステップ応答
(a) 連続システム, (b) $T=0.05$, (c) $T=0.1$.

インパルス不変変換　　$G_d(z) = 5\left(1 + \dfrac{z}{z-1}\right)$

ホールド等価近似　　　$G_d(z) = 5\left(1 + \dfrac{T}{z-1}\right)$

後退差分　　　　　　　$G_d(z) = 5\left(1 + \dfrac{T}{z-1}\right)$

双線形変換　　　　　　$G_d(z) = 5\left(1 + \dfrac{T(z+1)}{2(z-1)}\right)$

双線形変換を用いた場合のステップ応答を図 12.5 に示す．サンプリング周期によって応答が異なっている．

演 習 問 題

12.1 次の等式の証明をしなさい．これは初期値定理と呼ばれる．また，$\lim_{k\to\infty} x[k] = \lim_{z\to 1}(1-z^{-1})X(z)$ は最終値定理と呼ばれる．
$$x[0] = \lim_{z\to\infty} X(z)$$

12.2 連続システムが
$$\dot{x}(t) = \begin{bmatrix} 0 & 1 \\ -0.1 & -0.2 \end{bmatrix} x(t) + \begin{bmatrix} 0 \\ 1 \end{bmatrix} u(t)$$
$$y(t) = \begin{bmatrix} 1 & 0 \end{bmatrix} x(t)$$
で与えられるとき，サンプリング周期 0.1 秒でこの状態方程式を差分化しなさい．た

だし,サンプリング間隔の間入力 $u(t)$ はゼロ次ホールドしてあるとする.

12.3 PID補償器
$$G(s) = K_p\left(1 + \frac{1}{T_I s} + T_d s\right)$$
をサンプリング周期 T の双線形変換で近似したディジタル補償器を求めなさい.

参 考 文 献

1) 小島紀男,篠崎寿夫:z 変換入門,東海大学出版会(1981)
2) 荒木光彦:ディジタル制御理論入門,朝倉書店(1991)
3) 美多 勉,原 辰次,近藤 良:基礎ディジタル制御,コロナ社(1988)
4) 金原昭臣,黒須 茂:ディジタル制御入門,日刊工業新聞社(1990)
5) 古田勝久:ディジタルコントロール,コロナ社(1989)

演習問題解答

第 1 章

1.1 制御対象，コントローラ，コンピュータ，センサ，アクチュエータ．

1.2 制御時間，制御精度，エネルギー量など．

1.3 制御系の設計にコンピュータを利用したり，制御のアルゴリズムをプログラムしたソフトウェアの実装，またセンサからの情報処理などにコンピュータが必要．

1.4 安全性，信頼性の保証，最適性の考慮，人間に役立つ，低コスト化など．

1.5 クーラ，炊飯器，洗濯機など家電製品の温度，時間制御など．
　　飛行機，自動車の速度制御や姿勢制御，ロボットアームの位置決め制御，ロボットの歩行制御など，多種多様な分野で応用されている．

1.6 廃棄物を出すような制御はしない．効率を追求するあまり人に危害を加えるような制御はしない．など．

第 2 章

2.1 (1) $\dfrac{6}{s^4}+\dfrac{2}{s^2}+\dfrac{3}{s}$　(2) $\dfrac{1}{(s-2)^2}+\dfrac{1}{s^2+1}$　(3) $\dfrac{2s\cos 1-4\sin 1}{s^2+4}$

2.2 (1) $\dfrac{1}{2}(e^{-4t}-e^{-6t})$　(2) $2e^{-t}-te^{-t}-2e^{-2t}$　(3) $\dfrac{1}{2}+\dfrac{1}{2}e^{-t}(\sin t-\cos t)$

2.3 (1) $\dfrac{1}{3}(2e^{-4t}+e^{-t})$　(2) $-\dfrac{12}{13}e^{3t}+\dfrac{14}{5}e^{t}+\dfrac{8}{65}\cos 2t-\dfrac{1}{65}\sin 2t$

2.4 $f(t)=\dfrac{1}{2}+\sum\limits_{n=1}^{\infty}\left(\dfrac{-1}{n\pi}\right)\sin(nt)$

第 3 章

3.1 ジュースや切符の自動販売機，エレベータなど．

3.2 「3.3.1 論理回路」を参照．図 3.2 のモータの正転運転回路始動回路では，始動ボタン F-ST を押すと，その電磁接触器 F-MC が作動して，始動ボタンを OFF した後もモータは正転する．

3.3 分配則より，
$$A\cdot(A+B)=A\cdot A+A\cdot B$$
$$=A\cdot 1+A\cdot B=A\cdot(1+B)=A\cdot 1=A$$

3.4 $F=\overline{X}\cdot\overline{Y}\cdot Z+\overline{X}\cdot Y\cdot Z+X\cdot\overline{Y}\cdot Z+X\cdot Y\cdot Z$
　　$=\overline{X}\cdot Z(\overline{Y}+Y)+X\cdot Z(\overline{Y}+Y)$
　　$=Z(\overline{X}+X)=Z$

3.5 (1)　$F = ABC + \overline{A}BC + A\overline{B}C + \overline{A}B\overline{C}$

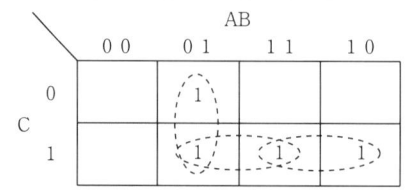

	AB			
C	0 0	0 1	1 1	1 0
0		1		
1		1	1	1

カルノー図より
$F = AC + BC + \overline{A}B$

(2)　$F = ABCD + ABC\overline{D} + A\overline{B}CD + \overline{A}BC\overline{D}$

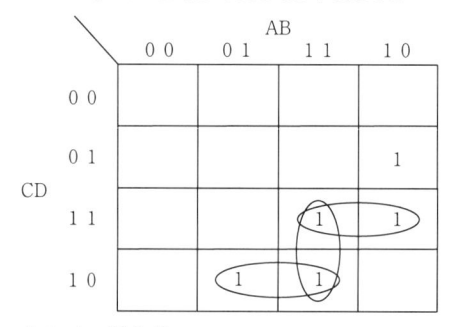

	AB			
CD	0 0	0 1	1 1	1 0
0 0				
0 1			1	
1 1			1	1
1 0		1	1	

カルノー図より
$F = ABC + BC\overline{D} + ACD$

第4章

4.1　表4.1に列挙してあるが，それ以外も考えてみよ．

4.2　フィードフォワード制御の例：炊飯器のタイマー制御．
フィードバック制御の例：鉄鋼プラントの連続鋳造システムの湯面レベル制御など多種多様にある．

4.3　ソフト的には，コントローラを設計すること．つまり，PID制御などの制御器のパラメータを最適に設計すること．ハード的には，センサ，アクチュエータを適切に選択し，制御対象のプラント，コントローラ，センサ，アクチュエータ，A/D，D/Aコンバータなどのインタフェースを最適に選択，組み合わせ，実装化すること．

4.4　図4.1に示したが，各部をもっと詳しく考えてみよう．

4.5　プロセスモデルがあるときは，モデルを基に，コンピュータシミュレーションを利用して，コントローラを最適に設計する．プロセスモデルがないときは，コントローラのパラメータを，現場で試行錯誤的にチューニングしていく．あるいは，実践での入力，出力データを用いて，ファジィ制御やニューラルネットワークを構築し，学習制御を行うことなどが考えられる．

4.6 これについては確立された理論はなく，あくまで概念的な考え方を一例として以下に示す．読者も自由な発想で，ブロック線図の修正案も含めて考えるとよい．学生は制御対象である．学生は各学習科目に対して，あらかじめ勉強する項目，勉強方法，勉強時間をフィードフォワード的に計画する．この計画は，成果に影響するので，学生のフィードフォワードコントローラ(学生の計画に相当する) C_{sFF}(図4.6をみよ)を適切に設計しておく．教官側も教える内容，教える方法を講義ごとに適切に計画しておく．つまり，教師のフィードフォワードコントローラ(教官の計画に相当する) C_{TFF} を最適設計する．しかし，これだけでは，その科目の内容を毎回十分学生が理解できたかどうかの保証はとれてない．そのため，教官はテストやヒアリングで学生の理解を確認し，それにより学習目標達成のために補充授業や課題を与えたり，授業の教え方を修正していく必要があり，それを実現するのが教師のフィードバックコントローラ C_{TF_B} の設計である．一方，学生も自分自身でテストの結果や自宅での復習を通して，学習内容理解の目標を自己評価し，その結果に応じて，勉強の仕方や，努力度を変更するのが不可欠で，これが学生のフィードバックコントローラ C_{sF_B} である．大学は，教育目標，カリキュラムなど，教官と学生によりよい目標を与えることが必要である．このように，学生－教官－大学の協調した多重ループ制御構造で教育システムを組み，立派な教育効果があがることを期待する．なお，図4.6で外乱 n が存在するが，これは学生の質のバラツキなどを表す．したがって，学生の質のバラツキがあっても，結果である最終成果が一定レベル以上達成されるようコントローラ C_{sFF}, C_{sF_B}, C_{TFF}, C_{TF_B} を学期の初めまでにロバストに設計することが不可欠である．一方，適応制御で制御系の設計を行うとどのようになるかを考えてください．

第5章

5.1 (分布システムとしてモデル化される現象の例)：5章であげた熱伝導，波の伝播以外に，下記のようなものが考えられる．
1) 化学反応炉内の反応物質の濃度変化：反応物質の濃度は，一般に一様ではなく場所によって変化し，また反応が進行するとともに濃度も時間とともに変化する．したがって，化学反応炉内の反応物質の濃度は時間と位置の関数になり，分布システムとしてモデル化する必要がある．反応炉内がよく撹拌され，場所による濃度変化が無視できる場合には，集中システムとして近似してモデル化してもよい．
2) 動物やバクテリアなどの移動性をもった個体の個体数：個体数は出生・増殖，死滅により時間とともに変化し，移動性をもっている場合には場所によって個体数も変化する．したがって，このような場合の個体数は時間と位置の関数になり，分布システムとしてモデル化される．外部と隔離された地域に限定して個体数の変化を調べる場合(例えば，水槽内の魚数)は，位置による個体の変化を問題にするのではなく，その地域の個体数の時間的変化を問題にするので，

この場合は集中モデルでモデル化可能である．
3) その他：流体の圧力変化，波の伝播の一種であるが，音の伝播現象や，はりの振動現象などがあげられる．これらの場合も集中システムとしてモデル化可能なためには，位置方向の状態の変化が無視できるか否かによる．

5.2 数学モデルを用いて制御系の設計や現象の解析を行う際の注意点は，次のとおりである．

1) 数学モデルは実際の現象の近似であること．厳密に現象をモデル化すれば，多数のパラメータを含んだ膨大な次元のシステムとなり，解析不可能となる．そこで，モデル化にあたり，どのような仮定の下で近似を行い簡略化（低次元化，不要なパラメータの削減）したモデルを導出したのかを理解しておく必要がある．設定した仮定を満たさない条件の下でモデルを用いて解析しても意味がない．

2) 数学モデルを用いて解析・シミュレーションを行う際には，初期条件（分布システムでは境界条件も）や各パラメータの物理的意味を理解しておくこと．物理的に意味のない条件やパラメータでシミュレーションや解析を行っても意味がない．多くの場合，物理的に意味がない条件やパラメータでは解は発散するので気がつくが，なかには発散しない場合もあるので注意が必要である．

3) 数学モデルの改善・変更を検討する．一つの現象に対して，何種類もの数学モデルが存在する場合がある．そのような場合には，各モデルの適用範囲をよく考慮して，考察対象に適したモデルを選択し，モデルの変更やモデルの改善を検討すべきである．

5.3 まず，$u(t,x) = T(t)X(x)$ とおき，式(5.72)に代入し，5.3.1項と同様にして次式を得る．

$$\frac{1}{c^2}\frac{\ddot{T}(t)}{T(t)} = \frac{X''(x)}{X(x)} = \lambda \text{(定数)} \tag{A 5.1}$$

式(A 5.1)より，以下が従う．

$$\ddot{T}(t) = c^2 \lambda T(t) \tag{A 5.2}$$

$$X''(x) = \lambda X(x) \tag{A 5.3}$$

5.3.1項で説明したように，$\lambda = -(n\pi)^2 \quad (n=1,2,\cdots)$ となるので，境界条件(5.74)と偏微分方程式(5.72)を満たす無限個の関数 $u_n(t,x)$ が次のように求まる．

$$u_n(t,x) \equiv T_n(t)X_n(x) = (A_n \cos cn\pi t + B_n \sin cn\pi t)\sin n\pi x$$
$$(n=1,2,\cdots)$$

したがって，次式が偏微分方程式(5.72)と境界条件(5.74)を満たす関数となる．

$$u(t,x) = \sum_{n=1}^{\infty} T_n(t)X_n(t) = \sum_{n=1}^{\infty}(A_n \cos cn\pi t + B_n \sin cn\pi t)\sin n\pi x \tag{A 5.4}$$

次に，式(A 5.4)が初期条件(5.73)を満たすように A_n，B_n を決定すればよい．

まず，$u(0, x) = u_0(x)$, $\partial u(0, x)/\partial t = u_1(x)$ と式 (A 5.4) より，次式を得る．

$$u(0, x) = \sum_{n=1}^{\infty} A_n \sin n\pi x = u_0(x) \tag{A 5.5}$$

$$\frac{\partial u(0, x)}{\partial t} = \sum_{n=1}^{\infty} cn\pi B_n \sin n\pi x = u_1(x) \tag{A 5.6}$$

$\sin n\pi x$ の直交性を使って，式 (A 5.5), (A 5.6) より次式を得る．

$$A_n = 2 \int_0^1 u_0(x) \sin(n\pi x) \, dx \tag{A 5.7}$$

$$B_n = \frac{2}{cn\pi} \int_0^1 u_1(x) \sin(n\pi x) \, dx \tag{A 5.8}$$

式 (A 5.4) の無限和を求めることは不可能なため，有限和 (N 個) で近似し，次に分布システムを集中システムで近似するため，空間領域 (0, 1) を $0 \equiv x_0 < x_1 < \cdots < x_M \equiv 1$ と M 個に分割すると，分布システムの解は次のように M 個の集中システムの解 $u_n(t, x_i) \equiv T_n(t) X_n(x_i)$ で近似でき，以下のようになる．

$$u(t, x_i) \cong \sum_{n=1}^{N} u_n(t, x_i)$$

$$= \sum_{n=1}^{N} (A_n \cos cn\pi t + B_n \sin cn\pi t) \sin n\pi x_i \quad (i=1, \cdots, M)$$

ここで，A_n, B_n は式 (A 5.7), (A 5.8) によって求められる．x_i を固定して，次の集中システムが得られる．

$$\frac{d^2 u_n(t, x_i)}{dt^2} = -(cn\pi)^2 u_n(t, x_i) \quad (i=1, 2, \cdots, M)$$

5.4 まず，

$$(sI - A)^{-1} = \begin{bmatrix} s+2 & -1 \\ 0 & s+3 \end{bmatrix}^{-1} = \begin{bmatrix} \dfrac{1}{s+2} & \dfrac{1}{(s+2)(s+3)} \\ 0 & \dfrac{1}{s+3} \end{bmatrix}$$

より，遷移行列 e^{At} は以下のように求まる．

$$e^{At} = \mathscr{L}^{-1}[(sI-A)^{-1}] = \begin{bmatrix} e^{-2t} & e^{-2t} - e^{-3t} \\ 0 & e^{-3t} \end{bmatrix} \tag{A 5.9}$$

式 (5.70) より

$$x(t) = e^{At} x_0 + \int_0^t e^{A(t-\tau)} bu(\tau) \, d\tau \tag{A 5.10}$$

式 (A 5.10) に式 (5.76)，(A 5.9) を代入して，次式を得る．

$$x(t) = \begin{bmatrix} e^{-2t} & e^{-2t} - e^{-3t} \\ 0 & e^{-3t} \end{bmatrix} \begin{bmatrix} 1 \\ 0 \end{bmatrix}$$

$$+ \int_0^t \begin{bmatrix} e^{-2(t-\tau)} & e^{-2(t-\tau)} - e^{-3(t-\tau)} \\ 0 & e^{-3(t-\tau)} \end{bmatrix} \begin{bmatrix} 3 \\ -3 \end{bmatrix} \cdot 1 \, d\tau$$

$$= \begin{bmatrix} e^{-2t} \\ 0 \end{bmatrix} + \begin{bmatrix} e^{-3(t-\tau)} \\ -e^{-3(t-\tau)} \end{bmatrix}_{\tau=0}^{\tau=t}$$

$$= \begin{bmatrix} e^{-2t} - e^{-3t} + 1 \\ -e^{-3t} - 1 \end{bmatrix}$$

第6章

6.1 $\dfrac{1}{2+RCs}$

6.2 $\dfrac{G(s)H(s)}{1+H(s)+G(s)H(s)}$

第7章

7.1 ステップ応答は，ステップ入力という特定の入力信号を用いた「時間領域」での解析手法であるのに対して，周波数応答は，さまざまな周波数の正弦波入力信号を用いた「周波数領域」での解析手法である．一般に，ステップ応答のほうが直感的でわかりやすいが，システムの細かな特性を表現することができない．これに対して，周波数応答は，直感性ではステップ応答に劣るが，詳細な特性を表すことができる点で優れている．

7.2 $y(t) = \dfrac{5a\omega}{25\omega^2+1} e^{-(1/5)t} + a\,|G(j\omega)|\sin(\omega t + \angle G(j\omega))$

7.3 $G_1(s)$は位相進み要素，$G_2(s)$は位相遅れ要素として知られており，コントローラとしてよく用いられる．ゲイン特性の細い実線は，折線近似を用いて描いたものである．

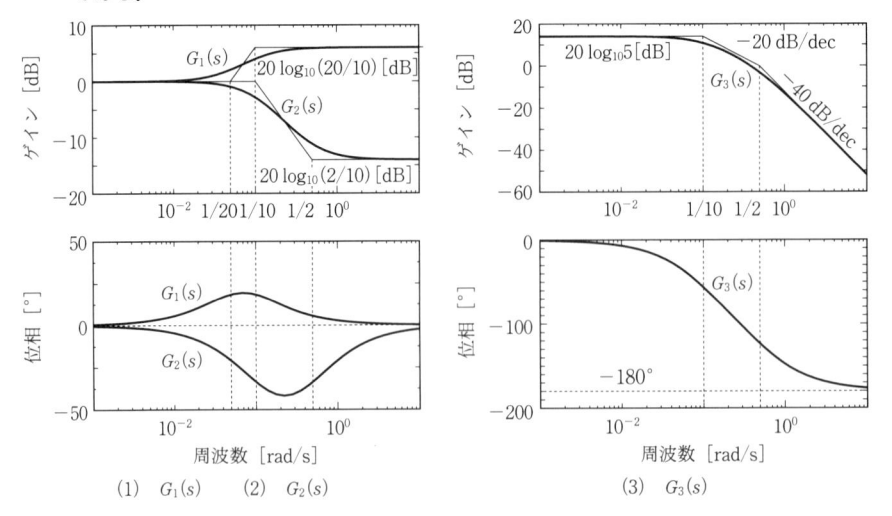

(1) $G_1(s)$　　(2) $G_2(s)$　　(3) $G_3(s)$

7.4

(1) $G_1(s)$ (2) $G_2(s)$ (3) $G_3(s)$

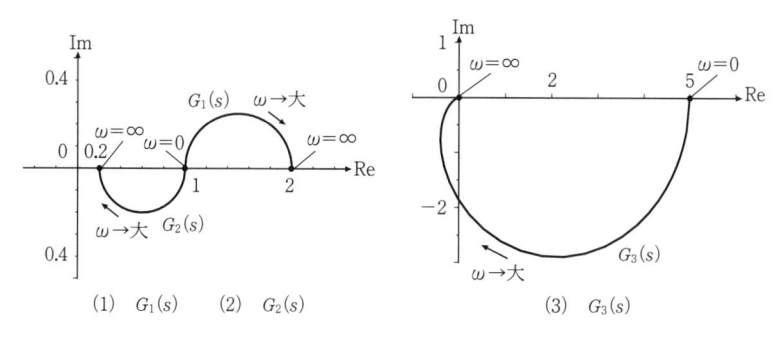

7.5

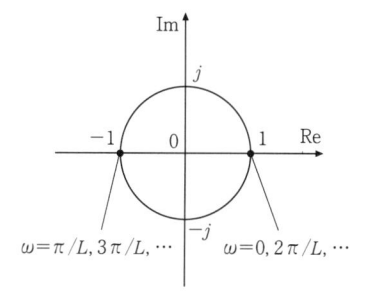

第 8 章

8.1 入力と出力の間の関係式を導くことである．それには，モデル式の形をどのようにするか，また，モデル式に含まれるオンラインパラメータの数，さらにその値を推定することが必要である．これらの一連の作業をシステム同定という．

8.2 状態方程式は，時間応答をシミュレーションできプロセスの応答予測に利用できる．また，現代制御などの制御系設計に有効である伝達関数は周波数応答をみるのによく，古典制御では特によく利用される．しかし，状態方程式から伝達関数はラプラス変換で容易に求まり，一方，伝達関数から実現により状態方程を導けるので，制御系の設計には両方のモデルを利用すると有効である．

8.3 $y(t) = 1 - e^{-\frac{1}{2}t}$ より $Y(s) = L(y(t)) = \dfrac{1}{2s(s+1/2)}$

また，$u(t) = L(1) = \dfrac{1}{s}$ よって，$G(s) = \dfrac{Y(s)}{u(s)} = \dfrac{1}{1+2s}$ となる．

これを実現すると，$\dot{x}(t) = -\dfrac{1}{2}x(t) + \dfrac{1}{2}u(t),\ y(t) = x(t)$ となる．

8.4 解答のみ示す．

$\dot{x}_1(t) = x_2(t)$

$$\dot{x}_2(t) = x_3(t)$$
$$\dot{x}_3(t) = x_1(t) - x_2(t) - x_3(t) + u(t)$$
である．

8.5 AR モデルは，式 (8.27) で示した線形回帰モデルの特殊な場合であるので，8.4 節のマトリクス H において，入力 $u(t)$ に関して省いたものが解となることが容易にわかる．

なお，初心者の方は，AR モデルにおいて，8.4 節と同じやり方で結果を導くことを薦める．

第9章

9.1 ラウス表は次表のようになり，第1列係数の符号の反転を考えると，定数項の微小な変動によって安定から不安定に変化する．

4	1	2	$1\pm\varepsilon$	0
3	1	1	0	
2	1	$1\pm\varepsilon$	0	
1	$\mu\varepsilon$			
0	$1\pm\varepsilon$			

9.2 フルビッツ行列は下記のようになる．

$$H = \begin{pmatrix} 1 & 1 & 0 & 0 \\ 1 & 2 & K & 0 \\ 0 & 1 & 1 & 0 \\ 0 & 1 & 2 & K \end{pmatrix}$$

$H_1 = 1 > 0$

$H_2 = \begin{vmatrix} 1 & 1 \\ 1 & 2 \end{vmatrix} = 1 > 0$

$H_3 = \begin{vmatrix} 1 & 1 & 0 \\ 1 & 2 & K \\ 0 & 1 & 1 \end{vmatrix} = -K + H_2 = -K + 1 > 0$

したがって，安定であるための K の範囲は $0 < K < 1$ である．

9.3 ナイキスト軌跡は図演習9.1のようになる.

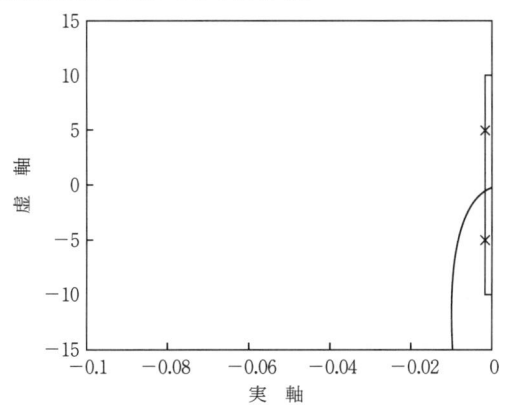

図演習 9.1 ナイキスト線図

位相余裕は $89.4°$.

9.4 根軌跡は図演習9.2のようになる.

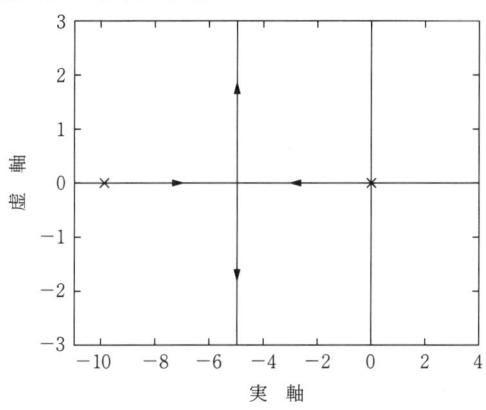

図演習 9.2 根軌跡

9.5 根軌跡が会合し分離する点では次式が成り立つ.

$$\frac{dG_0(s)}{ds}=0$$

したがって

$$G_0(s)=K\frac{(s-\alpha_1)(s-\alpha_2)\Lambda(s-\alpha_m)}{(s-\beta_1)(s-\beta_2)\Lambda(s-\beta_n)}$$

を代入して変形すると次式となり,性質5が得られる.

$$\frac{1}{\prod_{i=1}^{m}(s-\alpha_i)}\frac{d}{ds}\{\prod_{i=1}^{m}(s-\alpha_i)\}=\frac{1}{\prod_{i=1}^{n}(s-\beta_i)}\frac{d}{ds}\{\prod_{i=1}^{n}(s-\beta_i)\}$$

第 10 章

10.1 ステップ応答がピークとなる時間 t_i ($i=1,2,3,\cdots$) は $dy(t)/dt=0$ より $t_i=\dfrac{i\pi}{\omega_n\sqrt{1-\zeta^2}}$ ($i=0,1,2,\cdots$) となる．最大ピーク値を与えるのは t_1 のときであり，a_1 は $a_1=|y(t_1)-1|=e^{-\zeta\pi/\sqrt{1-\zeta^2}}$ として求められる．目標値との偏差 $e(t)$ は $e(t)=|y(t)-1|\leq \dfrac{e^{-\zeta\omega_n t}}{\sqrt{1-\zeta^2}}$ となるので，整定時間 $T_s|_{2\%}$ は $e(t)=0.02$ として，$T_s|_{2\%}\geq \dfrac{-\ln(0.02\sqrt{1-\zeta^2})}{\zeta\omega_n}$ で与えられる．

10.2 周波数伝達関数 $G(j\omega)$ のゲインは $|G(j\omega)|=\dfrac{1}{\sqrt{(1-\Omega^2)^2+4\zeta^2\Omega^2}}$, $\Omega=\dfrac{\omega}{\omega_n}$ となる．これをデシベル [dB] 値にし，Ω で微分したものを 0 とすると $\dfrac{-10}{\ln 10}\dfrac{-4\Omega(1-\Omega^2-2\zeta^2)}{(1-\Omega^2)^2+4\zeta^2\Omega^2}=0$ となるので，$\Omega_p=\sqrt{1-2\zeta^2}$ より $\omega_p=\omega_n\sqrt{1-2\zeta^2}$ が求められる．したがって，M_p は Ω_p をゲインの式に代入することにより $M_p=\dfrac{1}{2\zeta\sqrt{1-\zeta^2}}$ となる．

10.3 （a） 偏差定数を求めると $K_p=\lim\limits_{s\to 0}G(s)=0$, $K_v=\lim\limits_{s\to 0}sG(s)=0$, $K_a=\lim\limits_{s\to 0}s^2G(s)=0$ となるので，定常偏差は $e_p=\dfrac{1}{1+K_p}=1$, $e_v=\dfrac{1}{K_v}=\infty$, $e_a=\dfrac{1}{K_a}=\infty$ となる．また，制御系は 0 型である．
（b） $e_p=0$, $e_v=1$, $e_a=\infty$ 　制御系は 1 型
（c） $e_p=0$, $e_v=0$, $e_a=2$ 　制御系は 2 型

10.4 （a） 式 (10.3)，(10.4) より $E(s)=\dfrac{2(s+1)}{s(s+2)}-\dfrac{0.1}{s+2}$, $e(\infty)=\lim\limits_{s\to 0}sE(s)=1$ となる．なお，この定常偏差は目標値に対してのみ生じる．
（b） $E(s)=\dfrac{2(s+1)}{s^2+s+1}-\dfrac{0.1s}{s^2+s+1}$, $e(\infty)=\lim\limits_{s\to 0}sE(s)=0$

10.5 （a） 一巡伝達関数は $G(s)=P(s)K(s)=\dfrac{1}{s+1}$ となり，このなかに $R(s)=\dfrac{2}{s}$ ならびに $D(s)=\dfrac{0.1}{s}$ の入力モデル $\dfrac{1}{s}$ を含んでいないので定常偏差は 0 にならない．
（b） 一巡伝達関数は $G(s)=P(s)K(s)=\dfrac{1}{s(s+1)}$ となり，このなかに $R(s)=\dfrac{2}{s}$ ならびに $D(s)=\dfrac{0.1}{s}$ の入力モデル $\dfrac{1}{s}$ を含んでいるので定常偏差は 0 になる．

第11章

11.1 ゲイン k は本文と同じ．目標位相余裕 $50°$ とするとボード線図から $\omega_c = 0.8$ rad/s．ω_c において一巡伝達関数のゲインは 20 dB なので $\alpha = 0.1$．$\dfrac{1}{\alpha T}$ を ω_c の $1/10$ とするので $T = 125$．一巡伝達関数は $G_c(s)P(s) = \dfrac{10(1+12.5s)}{1+125s} \cdot \dfrac{1}{s(s+1)}$．ボード線図とステップ応答は以下．同一の設計条件であるが位相進み補償器のほうが応答性がよい（図演習 11.1）．

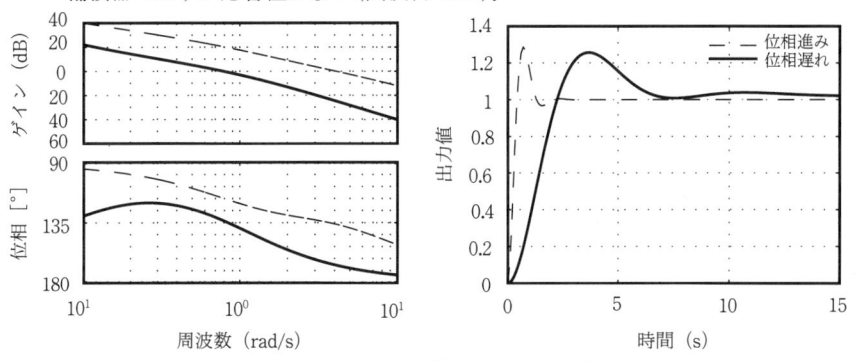

図演習 11.1 ボード線図とステップ応答

11.2 太実線が $G_c = 10$，細実線が位相遅れ補償器，破線が位相進み補償器．位相進み補償器は破線矢印のように，位相を反時計方向に進めることでベクトル軌跡を -1 の点から離し，位相遅れ補償器は実線矢印のようにゲインを内向きに抑えることで -1 の点からベクトル軌跡を離す（図演習 11.2）．

11.3 P 制御のゲインは $K_P = 3.05$，PI 制御のゲインは $K_P = 2.75$，$K_I = 0.75$．ステップ応答は以下（図演習 11.3）．

11.4 P 制御の指令値から出力の $H_{yr}(s) = K_P/(K_P s + 1)$，外乱から出力の $H_{yd} = 1/(K_P s + 1)$．PI 制御の $H_{yr}(s) = K_P/T_I \cdot (T_I s + 1)/\left(s^2 + K_P s + \dfrac{K_P}{T_I}\right)$，$H_{yd}(s) = s/\left(s^2 + K_P s + \dfrac{K_P}{T_I}\right)$．ボード線図は省略．P 制御の H_{yd} において PI 制御のように低周波領域でのゲインの落ち込みがないということは，P 制御では低周波外乱を抑えきれないことを示す．

11.5 $H_{yr} = (T_D s^2 + s + 1/T_I)/\{(1/K_P + T_D)s^2 + s + 1/T_I\}$，$H_{yd} = K_P \cdot s/\{(1/K_P + T_D)s^2 + s + 1/T_I\}$．ボード線図は略．微分ゲインによって $H_{yr}(s)$ の高周波領域でゲインが落ちきらないことから，速応性が期待できる．

11.6 図よりフィードフォワード部 $(C_K(s)P(s)+1)/C_K(s)P(s)$ とフィードバック部 $C_K(s)P(s)/(1+C_K(s)P(s))$ に分離できるため，閉ループに影響を与えない（図演習 11.4）．

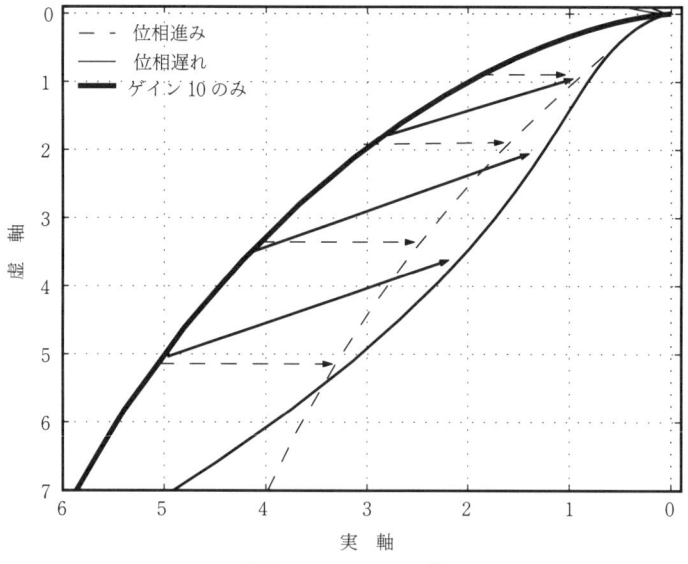

図演習 11.2 ナイキスト線図

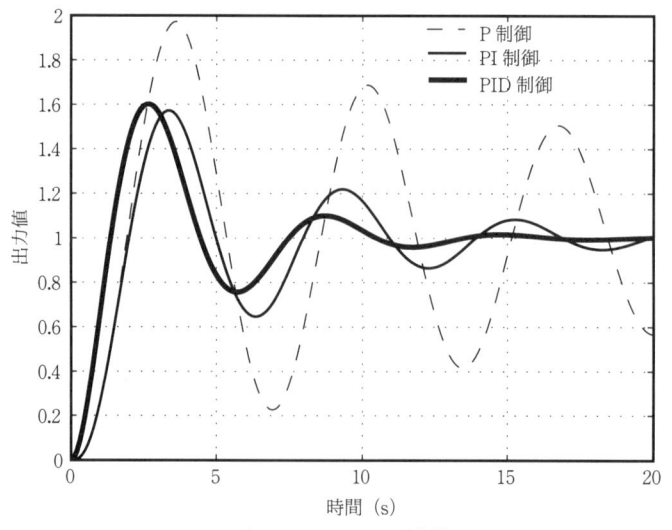

図演習 11.3 ステップ応答

演習問題解答　　　　　　　　　　　　　　　　　　*189*

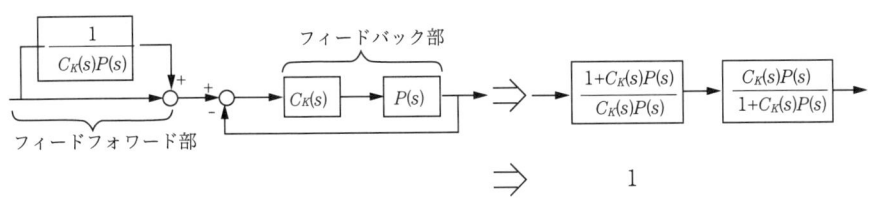

図演習 11.4

11.7 略

11.8
$$P_c(s) = \begin{pmatrix} \dfrac{3s+7}{s(s+1)(s+5)} & 0 \\ 0 & \dfrac{3s+7}{s(s+2)(s+3)} \end{pmatrix}$$

第12章

12.1 z 変換の定義から
$$X(z) = x[0] + x[1]z^{-1} + x[2]z^{-2} + \cdots$$
したがって，
$$\lim_{z \to \infty} X(z) = \lim_{z \to \infty} \{x[0] + x[1]z^{-1} + x[2]z^{-2} + \cdots\} = x[0]$$

12.2
$$A_d = e^{A_c T} = \frac{e^{-0.01}}{3} \begin{bmatrix} \sin 0.03 + 3\cos 0.03 & 10\sin 0.03 \\ -\sin 0.03 & 3\cos 0.03 - \sin 0.03 \end{bmatrix}$$
$$B_d = A_c^{-1}(e^{A_c T} - I) B_c = \frac{1}{3}\begin{bmatrix} -30e^{-0.01}\cos 0.03 - 10e^{-0.01}\sin 0.03 + 30 \\ 10e^{-0.01}\sin 0.03 \end{bmatrix}$$
$$C_d = C_c = \begin{bmatrix} 1 & 0 \end{bmatrix}$$
$e^{A_c T}$ の計算は，式(5.68)を用いて
$$e^{A_c T} = \mathcal{L}^{-1}[(sI - A_c)^{-1}]|_{t=T}$$
で行う．

12.3
$$G_d(z) = K_p \left(1 + \frac{T(z+1)}{2T_I(z-1)} + T_d \frac{2(z-1)}{T(z+1)} \right)$$

索　　引

ア　行

アクチュエータ　2, 51
アナログ制御　5
アリアス現象　171
RLC 回路　62
AND(論理積)　31, 35
AND 回路　32

行き過ぎ時間　82
行き過ぎ量　79, 153
位相遅れ・進み補償　11
位相遅れ補償器　144
位相角　88
位相曲線　90
位相交差周波数　152
位相進み・遅れ補償器　149
位相進み補償器　144
位相特性　88
位相余裕　143
1 次遅れ系　78
1 次遅れ要素　104
一巡伝達関数　135
1 入出力システム　5
一致回路　33
陰解法　69
因果律　51
インタロック　35
インディシャル応答　79
インテリジェント制御　8
インパルス応答　76
インパルス関数　17
インパルス入力　101
インパルス不変変換　173

AI 制御　8
H_∞ ロバスト制御　8
SFC 方式　40

s 領域　17
a 接点　28
FFT　104

OR(論理和)　31, 35
OR 回路　32
オイラーの公式　15
オーバシュート　153
オフセット　135
オープンループ制御　51
重み関数　76

カ　行

回帰式　100, 101
回帰直線　100
回帰分析　99
外乱　53
外乱除去特性　140
開ループ制御　51
開ループ伝達関数　135
ガウス平面　14
確定システム　5
確定集中モデル　60
確定分布モデル　60
確定モデル　60
確率共鳴　59
確率システム　5
確率集中システム　60
確率分布システム　60
確率モデル　60
過減衰　81
可同定条件　113
過渡応答　48
過渡応答法　99, 101
過渡特性　82
カーブフィティング　105
カルノー図　39
観測(出力)方程式　70

感度関数　141
記憶回路　34
機械システムのモデリング　61
擬似対角化　163
基本行列　73
逆システム　52
逆 z 変換　112
逆ナイキスト配列法　163
逆モデル　52, 140
逆ラプラス変換　20, 73
共振角周波数　133
共振ピーク　133
極形式　14
極表示　14
虚部　14
キルヒホッフの法則　62
禁止回路　34

駆動用機器　29, 31
クローズドループ制御　51

ゲイン　88
ゲイン曲線　90
ゲイン交差周波数　145
ゲイン特性　88
ゲイン余裕　143
限界感度法　152
限時動作限時復帰形　34
限時動作瞬時復帰形　34
検出・保護用機器　29, 31
減衰係数　76, 92
減衰振動　81
現代制御理論　7
厳密にプロパー　82, 154

工学解析　46
合成積　19

高速フーリエ変換 104
後退差分 173
古典制御理論 7
固有角周波数 76, 92
固有関数 66, 68
固有関数展開 66
固有値 66
コントローラ 2
コンピュータ 1

サ 行

最終値定理 20, 175
最小 2 乗法 99, 101, 110
最大行き過ぎ量 130
最大オーバシュート 130
最適化 3
差分方程式 168
サーボ制御 6
サンプラ 167
サンプリング周期 167

時間領域 17
式誤差 110
シーケンス図 27
シーケンス制御 3, 5, 25
自己保持回路 34
事象駆動型 25
システム 1
　——の安定性解析 116
システムインテグレーション 2
システム化技術 1
システム制御 3
システム同定 99
持続振動 81
実現問題 99, 107
実部 14
時定数 78, 91
自動制御 1
自動調整 6
シフトオペレータ 112
シミュレーション 57, 58
周期 22
周期関数 22
集中システム 4
集中モデル 58
周波数応答法 99, 102
周波数伝達関数 88, 102, 103

周波数領域 17
主コントローラ 161
出力 51
出力方程式 108
瞬時動作開始時復帰形 34
順モデル 52
状態空間法 107
状態空間モデル 99, 107
状態遷移 25
状態ベクトル 70, 71
状態変数 108
状態方程式 70, 107
情報処理技術 1
初期値・境界値問題 64
初期値定理 20, 175
乗法変動 142
自律走行車 2
信号加え合わせ点 83
信号引き出し点 83
振幅減衰率 131
真理値表 32

数学モデル 57, 58
スキャニング演算 42
スキャンタイム 42
ステップ入力 101
スペクトル分布 103
スミスのむだ時間補償器 159

制御系設計 46
制御工学 1, 55
制御対象 50
制御系の型 137
制御偏差 51
制御用機器 29, 31
制御量 51
制御理論 12
整定時間 79, 131
静的システム 4
積分演算子 18
積分ゲイン 150
積分要素 105
絶対値 14
折点周波数 93
z 変換 111, 168
ゼロ次ホールド 167
遷移行列 73
線形回帰モデル 109

線形近似 72
線形システム 4
線形ベクトル状態方程式 108
線形離散時間システム 109, 112
センサ 2
前進差分法 113
前置補償器 161

操作部 51
操作用機器 29, 31
双線形変換 174
相補感度関数 142

タ 行

帯域幅 93
対角化 162
ダイナミカル制御 3, 5
タイムチャート 26
タイムチャート方式 40
たたみ込み積分 19
立ち上がり時間 79, 130
多入力多出力(多変数)システム 5, 160
多変数制御系 160
単位階段関数 16
単位ステップ応答 79
タンク水位システム 49

遅延時間 130
チューニング 149
調節部 51
直交性 65, 68

追従性 140
追値制御 5

ディジタル再設計 172
ディジタル制御 5, 12
ディジタル制御系 166
ディジタル補償器 166
定常位置偏差 135
定常加速度偏差 136
定常速度偏差 136
定常偏差 135
定性的制御 25
定値制御 5
テイラー展開 69

索 引

t 領域 17
定量的制御 25
適応制御 8
デルタ関数 17
電気システムのモデリング 61
伝達関数 75, 102, 107

同次型境界条件 64
同次型システム 64
動的システム 4
同伴形 107
同伴形実現 109
特性根（極） 132
特性多項式 108
ド・モルガン (De Morgan) の定理 38

ナ 行

ナイキスト軌跡 124, 125
ナイキスト線図 95
内部モデル原理 138
NAND 回路 33

2 次遅れ系 76
2 次遅れ要素 105
2 次形式 111
2 自由度制御 12, 153
2 値信号 35
ニュートンの運動法則 61
ニュートンの冷却法則 63
ニューラルネットワーク 101
ニューラルネットワーク制御 8

粘性減衰振動 61

NOR 回路 33
NOT（論理否定） 31, 35
NOT 回路 32
ノミナルモデル 140
ノンパラメトリックモデル 104

ハ 行

排他 OR 回路 33
binary code 35
パラメータ推定 110
パラメトリックモデル 104

パルス伝達関数 170
パワースペクトル 103
バンド幅 133

PI 制御 151
PID 制御 11, 151
PID 補償器 149
PE 性 113
PLC 25, 29, 30
非干渉化 160
非干渉化制御 12
非干渉制御系 160
ピークゲイン 133
PC 30, 31
P 制御 151
b 接点 28
非線形システム 4
PD 制御 151
微分演算子 18
微分ゲイン 150
微分要素 105
評価関数 7, 105
表示用機器 29, 31
比例ゲイン 149
比例要素 77, 105

ファジィ制御 8
フィードバック制御 3, 5
フィードフォワード制御 3, 5, 51
複素平面 14
Boolean algebra 35
プラント 50
フーリエ逆変換 23
フーリエ級数 22, 102
フーリエ係数 22
フーリエ変換 23, 103
フリップフロップ回路 34
ブール代数 35, 36, 39
——の公理 36
——の定理 36
フルビッツの安定判別法 118, 120
プロセスゲイン 76
プロセスシステムのモデリング 62
プロセス制御 5
フローチャート方式 40

ブロック 83
ブロック線図 51, 83
プロパー 82, 109, 154
分布システム 4
分布モデル 58

平衡点 72
閉ループ制御 51
閉ループ伝達関数 48
ベクトル軌跡 95, 171
ペトリネット 44
偏角 14
変数分離 64

ポストモダン制御 8
ボード線図 89, 171
ホールド回路 167
ホールド等価近似 173

マ 行

マックスウェル 129

無接点シーケンス制御 29
無接点方式 27
無接点リレー 29, 35
無接点リレーシーケンス 30
むだ時間 101, 157
むだ時間補償 12

命令語（ニーモニック）方式 40
メカトロ技術 10

目的関数 7
目標値 51
モデリング 46, 58
モデル化誤差 140
モデルの不確かさ 53
モデルベースト制御 8

ヤ 行

有限差分法 69
有接点 30
有接点シーケンス制御 29
有接点方式 27
有接点リレー 29

陽解法 69

ラ 行

ラウス　129
　　——の安定判別法　117, 118
ラウス表　119
ラダー図　38
ラダー図方式　40
ラプラス変換　15, 73, 104

離散時間システムモデル　99
離散時間の状態方程式　113
リレーシーケンス　27
臨界減衰状態　81

ループ整形設計法　8

連続時間の状態方程式　113

ロバスト安定性　140
ロバスト制御　7
論理回路　25, 38, 42
論理代数　25, 39
論理方式　40

編著者略歴

寺嶋一彦（てらしま・かずひこ）
1952 年　大阪府に生まれる
1981 年　京都大学大学院工学研究科博士課程精密工学専攻修了
現　在　豊橋技術科学大学工学部生産システム工学系教授
専　攻　制御工学，ロボット工学
著　書　『科学技術入門シリーズ2 生産システム工学』（共著），
　　　　朝倉書店，2001 年
　　　　『鋳物便覧』（共著），丸善，2002 年

システム制御工学 ―基礎編―　　　　　定価はカバーに表示

2003 年 9 月 10 日　初版第 1 刷
2006 年 12 月 15 日　　第 3 刷

著　者　寺　嶋　一　彦
　　　　片　山　登　揚
　　　　兼　重　明　宏
　　　　石　川　昌　明
　　　　森　田　良　文
　　　　小　野　　　治
　　　　浜　口　雅　史
　　　　三　好　孝　典
　　　　山　田　　　実

発行者　朝　倉　邦　造
発行所　株式会社　朝　倉　書　店
　　　　東京都新宿区新小川町 6-29
　　　　郵便番号　162-8707
　　　　電　話　03 (3260) 0141
　　　　FAX　03 (3260) 0180
　　　　http://www.asakura.co.jp

〈検印省略〉

© 2003 〈無断複写・転載を禁ず〉　　　中央印刷・渡辺製本

ISBN 4-254-20118-4　C 3050　　　Printed in Japan

同志社大 柴田 浩編著
新版 制御工学の基礎
20105-2 C3050　　A 5 判 168頁 本体3000円

好評を博した旧版をよりわかりやすく改訂。ディジタル計算機の発展により重要になってきたサンプル値制御系を充実。〔内容〕制御系と伝達関数／伝達関数による解析・制御系設計／状態空間法による解析・制御系の設計／離散時間制御系／他

前京大 片山 徹著
新版 フィードバック制御の基礎
20111-7 C3050　　A 5 判 240頁 本体3600円

1入力1出力の線形時間システムのフィードバック制御を2自由度制御系やスミスのむだ時間も含めて解説。好評の旧版を一新。〔内容〕ラプラス変換／伝達関数／過渡応答と安定性／周波数応答／フィードバック制御系の特性・設計

前阪大 須田信英編著
システム制御情報ライブラリー 6
Ｐ Ｉ Ｄ 制 御
20966-5 C3350　　A 5 判 208頁 本体3900円

PID（比例，積分，微分）制御は，現状では個別に操作されているが，本書はそれらをメーカーの実例を豊富に挿入して体系的に解説。〔内容〕PID制御の基礎／PID制御の調整／PID制御の実用化／2自由度PID制御／自動調整法／個別実際例

大工大 津村俊弘・関大 前田 裕著
エース電気・電子・情報工学シリーズ
エース 制 御 工 学
22744-2 C3354　　A 5 判 160頁 本体2900円

具体例と演習問題も含めたセメスター制に対応したテキスト。〔内容〕制御工学概論／制御に用いる機器（比較部，制御部，出部力）／モデリング／連続制御系の解析と設計／離散時間系の解析と設計／自動制御の応用／付録（ラプラス変換，Z変換）

前東北大 竹田 宏・八戸工大 松坂知行・
八戸工大 苫米地宣裕著
入門電気・電子工学シリーズ 7
入 門 制 御 工 学
22817-1 C3354　　A 5 判 176頁 本体3000円

古典制御理論を中心に解説した，電気・電子系の学生，初心者に対する制御工学の入門書。制御系のCADソフトMATLABのコーナーを各所に設け，独習を通じて理解が深まるよう配慮し，具体的問題が解決できるよう，工夫した図を多用

前熊本大 柏木 潤編著
自 動 制 御
23037-0 C3053　　A 5 判 248頁 本体3900円

古典制御から説きおこし，次第に高度な分野へと順を追って段階的に学習できるよう配慮した好テキスト。〔内容〕線形系の特性／ラプラス変換／線形フィードバック制御系／動特性の測定／サンプル値制御系／非線形制御系／最適推定と最適制御

名大 大日方五郎編著
制 御 工 学
—基礎からのステップアップ—
23102-4 C3053　　A 5 判 184頁 本体2900円

大学や高専の機械系，電気系，制御系学科で初めて学ぶ学生向けの基礎事項と例題，演習問題に力点を置いた教科書。〔内容〕コントロールとは／伝達関数／過渡応答と周波数応答／安定性／フィードバック制御系の特性／コントローラの設計

前阪大 須田信英著
エース機械工学シリーズ
エース 自 動 制 御
23684-0 C3353　　A 5 判 196頁 本体2900円

自動制御を本当に理解できるような様々な例題も含めた最新の教科書〔内容〕システムダイナミクス／伝達関数とシステムの応答／簡単なシステムの応答特性／内部安定な制御系の構成／定常偏差特性／フィードバック制御系の安定性／他

熊本大 岩井善太・熊本大 石飛光章・有明高専 川崎義則著
基礎機械工学シリーズ 3
制 御 工 学
23703-0 C3353　　A 5 判 184頁 本体3200円

例題とティータイムを豊富に挿入したセメスター対応教科書。〔内容〕制御工学を学ぶにあたって／モデル化と基本応答／安定性と制御系設計／状態方程式モデル／フィードバック制御系の設計／離散化とコンピュータ制御／制御工学の基礎数学

奥山佳史・川辺尚志・吉田和信・西村行雄・
竹森史暁・則次俊郎著
学生のための機械工学シリーズ 2
制 御 工 学 —古典から現代まで—
23732-4 C3353　　A 5 判 192頁 本体2900円

基礎の古典から現代制御の基本的特徴をわかりやすく解説し，さらにメカの高機能化のための制御応用面まで講述した教科書。〔内容〕制御工学を学ぶに際して／伝達関数，状態方程式にもとづくモデリングと制御／基礎数学と公式／他

上記価格（税別）は2006年11月現在